Alien-Hypothese

Eine Analyse zum UFO-Phänomen

Klaus Piontzik

Wenn eine Idee am Anfang nicht absurd klingt,
dann gibt es keine Hoffnung für sie.

Albert Einstein

Alien-Hypothese
Eine Analyse zum UFO-Phänomen

Herstellung und Verlag:
BoD- Books on Demand, Norderstedt

ISBN 978-3-7494-6537-8

Klaus Piontzik

Klaus Piontzik (*1954) ist Ingenieur der Elektrotechnik, Mathematiker und Autor. Er kann auf eine etwa 30 jährige Laufbahn als Projektingenieur im industriellen Bereich und als Entwickler von Mikroprozessor-Systemen zurückblicken.

Seit 1994 hat er sich immer stärker auf elektromagnetische Felder spezialisiert, besonders im Hinblick auf das Erdmagnetfeld und seine Bedeutung für die Erde und das Leben auf ihr.

Seit 2006 kamen noch die Tätigkeiten als Autor (Gitterstrukturen des Erdmagnetfeldes, Planetare Systeme der Erde, Konvertierung DNA in Farben und Töne, Wahrscheinlichkeiten in der Galaxie für Leben, Intelligenz und Zivilisation, Odysseus 2013) und als Webautor hinzu.

Ein Teil der Bücher sind auch im Internet zugänglich:

www.klaus-piontzik.de
www.pimath.de
www.die-alien-hypothese.de
www.wahrscheinlichkeiten-in-der-galaxie.com
www.odysseus2013.de
www.pimath.eu (Gitterstrukturen des Erdmagnetfeldes)
www.planetare-systeme.com

Alien-Hypothese

INHALTSVERZEICHNIS

Seite

Teil 1 - Basiswissen

Teil 3 – Konsequenzen

Seite

THE TRUTH IS OUT THERE
SETI HOME

Teil 1

Basiswissen

Einleitung

Bevor der Entschluss fiel, dieses Buch zu schreiben fanden mehrere Diskussionen im Bekannten- und Freundeskreis statt, unter denen sich auch einige Naturwissenschaftler und Ingenieure befanden. Sowohl Kritiker als auch Befürworter der „UFO-Hypothese". Daraus entstand die folgende Frage:

Was lässt sich mit dem heutigen Stand des Wissens über das UFO-Phänomen sagen?

Was ist wirklich dran am UFO-Phänomen? Welche Konsequenzen und Interpretationen ergeben sich aus den Berichten zu Sichtungen? Ist SETI sinnlos? Wie viele „Erden 2" gibt es in unserer Galaxie? Wie viele erdähnliche Planeten gibt es?
Sind wir allein im Universum? Und wenn nicht, wie viele intelligente Spezies existieren dann in unserer Galaxie? Wie viele davon betreiben interstellare Raumfahrt? Ist das Fermi-Paradoxon noch gültig? Stimmt die Drake-Gleichung noch? Gibt es Alternativen?
Ist die Lichtgeschwindigkeit wirklich die höchste Geschwindigkeit, die Materie und Energie erhalten können? Wenn es raumfahrende Rassen in unserer Galaxie gibt, beherrschen sie interstellare Raumfahrt, die sich schneller als Licht bewegt? Gibt es so etwas wie einen Hyperfunk?

Zunächst scheint es so, aufgrund der Datenmenge von beschriebenen Sichtungen und des öffentlich zugänglichen Materials, dass man erst einmal nur sagen kann: es gibt dieses UFO-Phänomen.
Während einer umfassenden Recherche dieses UFO-Materials stellte sich dann aber heraus, dass alle Ereignisse in fünf Kategorien einteilbar sind.
Aus diesen Kategorien ergeben sich Theorien, Hypothesen und Optionen, die unsere Kenntnis über die heutige Physik betreffen und auch unsere heutigen Vorstellungen vom Vorkommen anderer intelligenter Spezies in der Galaxie.
Denn inzwischen können aufgrund ständig aktualisierter radioastronomischer und optischer Untersuchungen, wie z.B. durch das Keplerteleskop, Betrachtungen zur Bevölkerung der Galaxie gemacht werden.

Das war die Geburtsstunde dieses Buches.

Dieses Buch unterscheidet sich von anderen UFO-Büchern insofern, als dass es keine Aneinanderreihung von UFO-Vorfällen ist, um die

UFO-Hypothese zu belegen, sondern eine allgemeine Analyse des gesichteten Materials darstellt.

Man kann hier durchaus von einer „Desk-Research" oder auch „Metaanalyse" sprechen. Es sei ausdrücklich betont, dass es sich hier um eine Analyse mit einer Wahrscheinlichkeitsbetrachtung handelt. Es ist keine exakte Berechnung auf Grund von Daten.

Daher werden hier einzelne Fälle lediglich als Stellvertreter, für jeweils eine Menge von Vorfällen, behandelt. Aus der Analyse des Datenmaterials werden Hypothesen gezogen, die als **Axiome** bezeichnet werden. Die daraus abgeleiteten Aussagen werden als **Sätze** formuliert. Alle Axiome und Sätze führen zu einer Gesamtbewertung der Situation, die dann als **Arbeitshypothese** benutzt werden kann.

Der Vollständigkeit und der Nachvollziehbarkeit halber ist hier im zweiten Teil das gesamte spezielle Grundmodell veröffentlicht. So ist es jedem möglich alle Zahlen selbst nachzurechnen.

Weiterreichende Einzelheiten, Betrachtungen sowie Verallgemeinerungen und die gesamte mathematische Theorie lässt sich im dem Buch „Wahrscheinlichkeiten in der Galaxie für Leben, Intelligenz und Zivilisation" [1] nachschlagen.

Ich habe mir lange überlegt wie ich das Material strukturiere und habe es, im Verlauf der Entstehung des Buches, mehrfach umgebaut. Meiner Meinung nach ist die jetzige Form die kürzeste und kompakteste Version, die Sinn macht.

Bei jemanden, der sich mit Ufologie beschäftigt, rennt dieses Buch wahrscheinlich offene Türen ein. Nichts, was nicht schon irgendwo geschrieben stände, bis auf die Wahrscheinlichkeitsanalyse und einige der Schlussfolgerungen. Für diejenigen, die sich mit der Materie beschäftigen, liefert das Buch trotzdem eine fundierte und konzentrierte, auf axiomatischer Basis beruhende, Grundlage zur Ufologie und zur Existenz von Aliens.

Wenn es denn eine Zivilisation gäbe, der interstellare Reisen möglich sind, dann wären wir mit unserem Weltbild wahrscheinlich gar nicht in der Lage diese Möglichkeit als realistisch zu erfassen – mal ganz davon abgesehen, was in Science Fiction Filmen (SF) möglich ist.

Den Phantasien von SF Autoren wird ja fast alles erlaubt, solange sie nicht vom Leser verlangen, bekannte universell geltende physikalische Gesetze komplett über den Haufen zu werfen.

Wobei schon bestimmte Szenarien (wie z.B. Zeitreisen, Teleportati-
on, „Beamen") den bodenständigen Quantenphysiker zu einer gewissen Gehirnakrobatik herausfordern.
Was ja auch gut ist. Wären solche „damals absurden" Vorstellungen
von z.B. „Mondreisen" (Jules Vernes, 1828-1905) und internationaler
Telekommunikation („Kirk an Enterprise", 1970 oder Raumschiff Ori-
on, „Lichtspruch zur Erde", 1964) nicht dargestellt worden, dann wäre eine Einführung von Radiokommunikation (1990), bis hin zu den
heutigen Handys, kaum denkbar gewesen.
Allein schon diese technische, physikalische Entwicklung erlaubt die
Schlussfolgerung, dass die Physik von heute (Quantenphysik, Teil-
chenbeschleuniger, Roboter auf dem Mars, Sonden die an der Sonne vorbei gesteuert werden,....) der damaligen Newton´schen Welt-
anschauung derart fremd war, dass sie damals (vor noch 70 bis 100
Jahren) selbst als SF oder sogar Blasphemie galt.

Wenn es also eine Zivilisation gäbe, der es möglich ist, interstellare
Reisen zu unternehmen, dann wäre die Hypothese erlaubt, dass diese Zivilisation auch über die technischen Möglichkeiten sowie die
physikalischen und mathematischen Erkenntnisse verfügt, um solche
Reisen zu realisieren.

Jedoch erlaubt uns dieser Umstand immer noch nicht eine Konsequenz zu ziehen, die eine UFO-Hypothese bestätigt.
Die EINZIGE Konsequenz die „wir" erst mal ziehen dürfen ist, dass
unser Wissen heute noch nicht ausreichend ist, um solche Reisen zu
erklären oder gar selber unternehmen zu können.
Aber vor dem Hintergrund einer stetigen technologischen Weiterentwicklung sollten interstellare Reisen ebenso für Menschen in der Zukunft möglich werden können.
Denkbar sind sie ja schon und werden auch nicht gleich als total ab-
wegig vom Tisch gewischt. Siehe dazu die erste funktionierende
Warp-Metrik, die 1994 von Miguel Alcubierre entworfen wurde. [2]
Und wie ich anhand von Indizien zeigen werde, ist es wahrscheinlich, dass sich Organisationen unterschiedlicher Zusammensetzung,
in verschiedenen Ländern, bereits intensiv mit der Entwicklung solcher Technologien auseinander setzen und auch in diese Richtung
experimentieren.

1 – UFOs - Realität oder Fiktion?

1.1 - Begriffserklärung

Fast jeder kennt heute den Begriff UFO – also **U**nbekanntes **F**liegendes **O**bjekt. Was heißt das genau?
Im Prinzip nicht mehr, als dass der Beobachter etwas sich bewegendes oder schwebendes über ihm (am Himmel, in der Luft) nicht als das erkennt, was es ist. Das kann verschiedene Ursachen haben.
Der Beobachter erwartet das Beobachtete nicht zu der Zeit, an dem Ort, an dem er die Beobachtung macht. Und er kann sich die Beobachtung auch nicht erklären.
Das bedeutet, dass der Beobachter aus einem Umfeld kommt in dem diese fliegenden Objekte in der Luft, über ihm, als ungewöhnlich erscheinen, respektive unbekannt sind.
Die Meinungen über die Interpretation eines UFOs gehen weit auseinander. Einige halten das Thema für Spinnerei, Einbildung oder gar für eine Verschwörungstheorie oder Lüge.
Andere sehen darin ein reales Phänomen. Wobei einige Befürworter UFOs für konventionell erklärbar halten und andere der Meinung sind, es handele sich hier um außerirdische Fluggeräte.

Die Frage ist also erst einmal:

Was ist eigentlich das UFO-Pänomen?

1.2 - Projektion oder Wirklichkeit?

Gegen Ende des zweiten Weltkrieges (1943-45) häuften sich die Meldungen über UFO-Sichtungen bei amerikanischen Bomberpiloten. Die auftauchenden Objekte wurden als faust- bis basketballgroße, hell leuchtende, oder metallisch glänzende Objekte beschrieben, die von weißer, gelblicher oder rötlicher Farbe waren und für die damaligen Verhältnisse ungewöhnliche Flugmanöver vollführten. Sie wurden unter dem Namen ***Foo-Fighter*** bekannt.
Man hielt sie zuerst für eine deutsche Geheimwaffe, bis sich herausstellte, dass auch deutsche und japanische Piloten derartige Begegnungen hatten. [2]

Im Jahr 1946 ereignete sich die „*Skandinavische UFO-Welle*". Ab Februar 1946 gab es häufiger Berichte über Sichtungen von ungewöhnlichen kugelförmigen Objekten über Schweden und ab Juni des

Jahres wurden, in diesem Zusammenhang, auch Sichtungen von raketenförmigen Objekten genannt. [3]

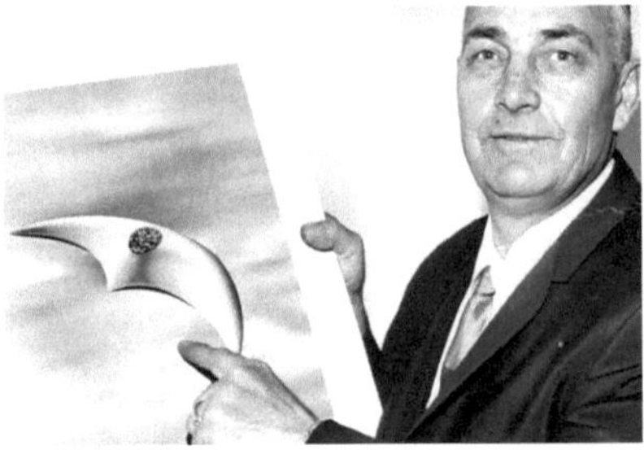

Kenneth A. Arnold [4] (*29. Mai 1915 - †16.Januar 1984) war ein US-amerikanischer Pilot und Geschäftsmann und machte am 24. Juni 1947 eine Sichtung von mehreren fliegenden Objekten, unbekannter Herkunft, in der Nähe des Mount Rainier in den USA. Der Vorfall erregte Aufsehen und die Presse veröffentlichte ihn. Eine Äußerung von Kenneth Arnold, der von einer Bewegung der Objekte berichtete, die wie Untertassen bzw. Steine übers Wasser springen, wurde missinterpretiert und so entstand der Begriff der *„fliegenden Untertasse"*. Der Vorfall war insofern etwas Besonderes, als durch ihn eine Namensschöpfung entstanden ist: Seit dem gibt es „fliegende Untertassen". [5]

Etwa zwei Wochen später, im Juli 1947 ereignete sich der Roswell-Vorfall, der wohl bisher das größte Interesse der Öffentlichkeit auf das Thema UFOs lenkte.
Am 8 Juli wurde in der Zeitung *„Roswell Daily Record"* gemeldet, dass ein außerirdisches Fluggerät abgestürzt wäre.
Was aber von „offizieller" Seite umgehend dementiert wurde und man die Erklärung abgab, es handele sich um einen abgestürzten Wetterballon. [6]
Vom 13. bis 29. Juli 1952 gab es eine größere Welle von UFO-Sichtungen über Washington, D.C. Die Objekte wurden sowohl visuell als auch mit dem Radar erfasst und in der Folgezeit als *„Washington Nationals"* bekannt. [7]

Carl Gustav Jung (*26.Juli 1875 - †6.Juni 1961) [8] meist kurz C. G. Jung genannt, war ein Schweizer Psychiater und der Begründer der analytischen Psychologie. Aufgrund der UFO-Vorfälle versuchte der Schweizer Psychoanalytike dann 1958 mit seinem Buch *„Ein moderner Mythos - Von Dingen, die am Himmel gesehen werden"* eine psychologische Erklärung zu liefern.
Er sah UFOs als Projektionen des Unbewussten an, als Ausdruck eines Archetypus, den er das „Selbst" nannte. C.G. Jung verstand darunter ein

Ganzheitssymbol, dass eine Vereinigung des Menschen mit dem Göttlichen darstellen sollte. [9]

Seitdem ist ein halbes Jahrhundert verstrichen und es existieren inzwischen mehrere zehntausend dokumentierte UFO-Vorfälle.
Es existieren UFO-Sichtungen aus den letzten fünfzig Jahren, in denen UFOs nicht nur durch Beobachter, sondern gleichzeitig auch durch Radar, erfasst wurden.
Als exemplarisches Beispiel kann die Sichtungswelle in Belgien 1989 bis 1992 dienen, die ihren Höhepunkt in der Nacht vom 30. zum 31. März 1990 erlebte. In der Nacht wurden sogar militärische Kampfjets hochgeschickt, die das Objekt etwa eine Stunde lang verfolgten. [10]
Und es gibt Fälle in denen UFOs physikalische Effekte erzeugten oder in direkten Interaktionen mit den Beobachtern traten.
Die besten Beispiele hier sind die zwei Vorfälle am 26. und 28. Dezember 1980 bei dem Luftwaffenstützpunkt *Bentwaters-Woodbridge* am *Rendlesham Forest* in Großbritannien, die durch Militärpersonal glaubwürdig dokumentiert sind. [11] [12]
Im ersten Fall landete ein etwa schrankgroßes, dreieckiges Objekt welches von drei Personen gesehen wurde. Zwei näherten sich dem Objekt und einer berührte es sogar. Der Vorgang dauerte etwa eine halbe Stunde, nach der sich das Objekt mit hoher Geschwindigkeit lautlos entfernte. Nach dem Vorfall befanden sich an der Landestelle Abdrücke und eine erhöhte radioaktive Strahlung war messbar.
Im zweiten Fall erschienen zuerst mehrere diskusförmige Objekte, von denen dann eines direkt über fünf Personen lautlos schwebte. Darunter der stellvertretende Kommandant der Basis.
Dieses Objekt gab darauf hin einen roten Strahl (Licht?) ab, der wenige Meter von den Beobachtern den Erdboden traf. Nach einiger Zeit entfernte sich das Objekt mit hoher Geschwindigkeit. Nach dem Vorfall gab es Zeitdifferenzen in den Uhren der Beobachter.

Allein schon mit diesen Beispielen ist die Erklärung der UFOs als ein rein psychologisches bzw. psychisches Massenphänomen widerlegt.
Bekräftigt wird dies noch durch die Existenz von inzwischen mehreren zehntausend Sichtungsfällen (ohne Russland und Zentralasien, vorrangig in Amerika und Europa), von denen auch einige durch zusätzliche Radarerfassungen bestätigt worden sind.
Trotzdem gibt es immer noch Skeptiker, die weiterhin davon ausgehen, dass es sich bei den UFO-Sichtungen um Scheinvorfälle oder gar Lügen handelt.
Will man dem Thema aber gerecht werden, so muss man die Berichte zu den Sichtungen ernst nehmen. Leugnen des Phänomens, also den Kopf in den Sand zu stecken, bringt hier überhaupt nichts - das

Phänomen existiert nach wie vor und bedarf der Klärung und Aufar-
beitung.
Dabei kommt einer sachlichen Wahrscheinlichkeitsbetrachtung eine
besondere Bedeutung zu. Sowohl was intelligente extraterrestrische
Lebensformen betrifft, als auch deren Fähigkeit zur interstellaren
Raumfahrt und ihrer Physik, sowie deren Motivationen und ihrer Entwicklungen.
Man sollte auch beachten, dass das UFO-Thema, einigen Regierungen dieser Welt (USA, GB, F), ernst genug war, um eigene Forschungen zu tätigen. Von 1947 bis heute hat es eine Reihe von Untersuchungen gegeben, sowohl durch Regierungen als auch durch
private Organisationen.

1.3 - Übersicht der bisherigen Untersuchungen

Eine Beschreibung der publizierten Untersuchungen, samt zugehörigem Hintergrundmaterial, lässt sich via Internet z.B. in der Wikipedia
finden. [7] Daher hier nur ein kurzer Abriss der bisherigen Untersuchungen.
Der Autor hat sich bewusst auf das Material beschränkt, welches
einfach recherchiert werden kann, ohne direkt mehrere Bücher be-
schaffen und durchwühlen zu müssen. Dafür eignet sich die Wikipedia hervorragend, vor allen Dingen, weil die Informationen hier zeitlich konstant sind, während andere Webseiten oft wieder nach einiger Zeit verschwinden.

Project Sign, Project Grudge (USA, 1947–1949)

Die ersten Untersuchungen zum Thema UFOs machte die US Air
Force mit dem *Project Sign* (1947–1949).
Project Sign war eine offizielle Studie der US-Regierung über unidentifizierte fliegende Objekte, unter Leitung der US-Airforce, hauptsächlich aktiv im Jahre 1948.
Danach folgte *Project Grudge* (1949). *Project Grudge* war ein kurz-
lebiges Projekt der U.S. Air Force um unidentifizierte fliegende Objekte zu untersuchen. *Grudge* beendete das *Project Sign* im Februar
1949 und wurde dann durch *Projekt Blue Book* abgelöst. *Project
Grudge* endete formal 1949, wurde aber, unter kleinerer Besetzung,
bis 1951 fortgeführt.
Es wurden insgesamt mehrere hundert Sichtungen von UFOs untersucht. Die meisten Vorfälle konnten aber durch natürliche Ursachen
erklärt werden.

Einige (als glaubwürdig eingestufte) Sichtungen blieben jedoch un-
geklärt. **Die Untersuchungen kamen zu dem Schluss, dass die
Informationen nicht ausreichen würden, um unbekannte fliegende Objekte als Erklärung solcher Sichtungen zu bestätigen
oder auszuschließen.** *Project Sign* kann im Internet eingesehen
werden. [13]

Arbeitsgruppe *Flying Saucer* (GB, 1950–1951)

Die *Flying Saucer Working Party* ist die erste Untersuchung der Regierung von Großbritannien. Initiiert durch die vermehrt auftauchenden UFO-Berichte richtete das englische Verteidigungsministerium
die Arbeitsgruppe für eine Untersuchung ein. Diese Untersuchung
umfasste die Analyse einiger hundert UFO-Sichtungen. [14]
Der Abschlussbericht aus Juni 1951 kommt zu dem Schluss, **dass
es aufgrund der vorhandenen Datenlage unmöglich ist, extraterrestrische Fluggeräte als Ursache wissenschaftlich zu bestätigen oder widerlegen zu können.**
Es wäre jedoch möglich, den größten Teil der Sichtungen durch natürliche Ursachen zu erklären. Der Bericht vermerkt weiter, dass keine Fortschritte bei der wissenschaftlichen Erforschung zu erwarten
seien, solange nicht weit größere Anstrengungen für die Forschung
des Phänomens unternommen werden. Der Report der *Flying Saucer Working Party* kann übers Internet abgerufen werden. [15]

Project Blue Book (USA, 1951–1969)

Im Anschluss zu *Project Sign* und *Project Grudge* wurde 1951, unter
der Leitung von Edward J. Ruppelt, das *Project Blue Book* gestartet.
Das Projekt unterstand der US Air Force und hatte hauptsächlich
zwei Ziele, nämlich:

1) Zu klären, ob UFOs eine Bedrohung der nationalen Sicherheit darstellen.
2) Die wissenschaftliche Analyse von UFO-Vorfällen.

Project Blue Book wurde am 17. Dezember 1969, nach dem Bericht
des *Condon Committee,* eingestellt. Bis dahin wurden 12.618 Vorfälle untersucht. Die meisten Sichtungen konnten konventionell erklärt
werden (Wolken, Planeten, Flugzeuge, usw.). 701 Fälle blieben jedoch unerklärt, was einem Anteil von **6 %** entspricht. [16] *Project Blue
Book* kann übers Internet eingesehen werden. [17] [18]

Battelle Memorial Institute Report (USA, 1952–1954)

Der *Battelle Memorial Institute Report* ist das Ergebnis einer Zusammenarbeit von *Project Blue Book* und dem *Battelle Memorial Institute*. [18] Entstanden ist die Zusammenarbeit auf Initiative des damaligen Leiters von *Project Blue Book*, Edward J. Ruppelt.

Von 1952 bis 1954 wurden 2.199 Sichtungen durch das *Battelle Memorial Institute* kategorisiert und analysiert. Dabei wurden 434 Objekte der Kategorie unbekannt zugeordnet, da hier Ursprung oder Art des Objekts nicht identifiziert werden konnten.

Die US Air Force sah den Report als Bestätigung ihrer offiziellen Einschätzung an, nämlich dass UFOs grundsätzlich konventionell erklärt werden können.

Edward J. Ruppelt kritisierte in seinem 1956 erschienenen Buch *„The Report on Unidentified Flying Objects"* diese Bewertung des Reports. Er behauptete darin, der Bericht wäre zu politischen Zwecken missbraucht worden, ohne auf die Inhalte einzugehen. [19]

Edward J. Ruppelt (*17.Juli 1923 - †15. September 1960) [20] war ein Luftwaffenoffizier der Vereinigten Staaten, der für seine Beteiligung an *Project Blue Book* bekannt geworden ist, einer offiziellen Regierungsstudie über nicht identifizierte Flugobjekte. Ihm wird allgemein die Prägung des Begriffs *„unbekanntes Flugobjekt"* zugeschrieben,

Ruppelt war von Ende 1951 der Direktor von *Project Grudge*, bis es im März 1952 zum *Project Blue Book* wurde. Er blieb bis Ende 1953 bei *Blue Book*. Im Jahr 1956 arbeitete er als Forschungsingenieur für Northrop Aircraft Company, laut Angaben des Herausgebers in der Online-Version seines Buches [21] *The Report on Unidentified Flying Objects* von 1956. Hynek schlug vor, *„Ruppelts Buch sollte von jedem gelesen werden, der ernsthaft an der Geschichte dieses Themas interessiert ist"*. In dem Buch beschrieb Ruppelt seine Zeit mit *Project Grudge* und *Blue Book* und bot seine Einschätzungen einiger UFO-Fälle an.

1960 erschien die erweiterte Ausgabe von Ruppelt's Buch (20 Kapitel) bei Doubleday & Co. In den neuen Kapiteln erklärte Ruppelt UFOs zu einem „Weltraumzeitalter-Mythos".

Der UFO- Forscher Jerome Clark schreibt: *„Die meisten Beobachter von Blue Book sind sich einig, dass die Ruppelt-Jahre das goldene Zeitalter des Projekts darstellten, als die Untersuchungen am besten geleitet und durchgeführt wurden."* Ruppelt war offen für UFOs und seine Ermittler waren nicht wie die von *Grudge* dafür bekannt, Fälle genau erklären zu wollen.

Robertson Panel (USA, 1953)

Ende 1953 schaltete sich die CIA in die UFO-Untersuchung der Air Force ein. Sie bildete ein „Wissenschaftsgremium", das sogenannte *Robertson Panel* (auch bekannt als *Durant Report*), das sich mit dem UFO-Thema befassen sollte. [6] [22]
Die Aufgabe des Gremiums war es, die Bedrohung der nationalen Sicherheit durch die UFO-Sichtungen zu beurteilen und Empfehlungen zu geben, für Verfahrensweisen hinsichtlich des Vorgehens in Sachen UFOs.
Das Gremium kam zu dem Schluss, dass das allgemeine Interesse an UFOs durch eine gezielte PR-Kampagne der Verunglimpfung bzw. Entlarvung verringert werden sollte. [23]

Condon Report (USA, 1969)

1966 bis 1968 untersuchte im Auftrag der US Air Force ein „unabhängiges" Forschungsteam, unter Leitung des Quantenphysikers Edward U. Condon, [24] das UFO-Phänomen an der Universität von Colorado. In dem Abschlussbericht kam Condon zu dem Schluss:
„In den vergangenen 21 Jahren hat die UFO-Forschung nichts zu unserem wissenschaftlichen Wissensschatz beigetragen ... Daher kann eine Fortsetzung der UFO-Forschung wahrscheinlich nicht mit der Erwartung gerechtfertigt werden, dass sie wissenschaftliche Fortschritte bringt".
Auf dieser Grundlage beendete die US. Air Force 1969 *Project Blue Book* und stellte fest, dass:
„Nach zweiundzwanzig Jahren der Ermittlung... keine der bekanntgegebenen und untersuchten unbekannten Objekte eine Gefahr für unsere nationale Sicherheit darstellten."
Allerdings endete die Untersuchung in einem Skandal wegen der Veröffentlichung des sogenannten *„Low-Memorandums"* in der Presse. [25] Die Aktennotiz von Robert Low, eines Mitarbeiters von Condon, beschrieb den Plan, die UFO-Untersuchung nur zum Schein objektiv durchzuführen, aber letztendlich zu einem von vornherein feststehenden Ergebnis zu gelangen.
Condons Zusammenfassung stand ebenfalls in einem gewissen Widerspruch zu den im Bericht enthaltenen Daten.
Der Meteorologe Joachim Küttner schrieb dazu im Fachjournal „Aeronautics and Astronautics": *„Man ist froh, das Urteil eines so erfahrenen Mannes zu lesen ... aber man findet keine Unterstützung da-*

für in dem Bericht" [26] Greenberg bezeichnete die Untersuchung als *„himmlische Schweinebuchtlandung".* [27]

1972 veröffentlichte J. Allen Hynek, der von 1947 bis 1968 astronomischer Berater von *Project Blue Book* gewesen war, das Buch *„The UFO Experience – A Scientific Inquiry"* (Die UFO-Erfahrung – eine wissenschaftliche Untersuchung), in dem er komplett andere Schlüsse als Edward Condon zog und starke Kritik an der Untersuchungskommission übte. [28] Hynek gilt auch heute noch als eine der Leitfiguren der Ufologie.

Ähnliche Kritik übte bereits zuvor der Atmosphärenphysiker James McDonald, der sich auch in der UFO-Forschung einen Namen gemacht hatte, in einer Anhörung des US-Kongresses.

Offiziell hat die US-Regierung nach dem *Condon Report* keine weiteren Untersuchungen von UFO-Phänomenen mehr durchgeführt und auch sonst keinerlei Interesse mehr an dem Phänomen gezeigt. Der *Condon Report* kann übers Internet abgerufen werden. [29]

Project Identification (USA, 1973–1980)

1973 versuchte Harley D. Rutledge, [30] Physiker an der University of Missouri, die Existenz bzw. die Nichtexistenz des UFO-Phänomens durch eine wissenschaftliche Feldstudie zu beweisen.

Mehrere hundert Helfer mit mobilen Beobachtungswagen und technischer Ausrüstung (u.a. Kameras, elektromagnetische Frequenzanalysatoren, Schalldetektoren, Radar) observierten eine Gegend bei Piedmont in Missouri. Diese war bekannt für wiederholte UFO-Sichtungen.

Es wurden insgesamt 427 Stunden Beobachtung zwischen 1973 und 1980 absolviert und es wurden 157 Objekte registriert, die nicht identifiziert werden konnten. Laut Rutledge war dies ein Beleg für die Existenz des UFO-Phänomens. **Weitere wissenschaftliche Untersuchungen seien aber für beweiskräftige Aussagen nötig und angebracht.** [31]

Studien der GEPAN, SEPRA & GEIPAN (F, 1977–heute)

1977 wurde in Frankreich die staatliche Gruppe *GEPAN,* zu deutsch *„Studiengruppe für nichtidentifizierte Luft- und Raumfahrtphänomene",* gegründet. Diese ist seit 2005 unter dem Namen *GEIPAN* eine Unterabteilung der französischen Raumfahrtadministration CNES mit der Aufgabe UFO-Berichte zu sammeln und zu analysieren.

In einem ersten ausführlichen Bericht von 1978, der die Jahre 1974 bis 1978 umfasst, konnte die *GEPAN* von 678 untersuchten Fällen 263 nicht aufklären. Dies entspricht einem Anteil von **38 %.** [32]

Die *GEPAN* wurde 1988 in *SEPRA*, zu deutsch *„Sachverständigen-Abteilung für Wiedereintrittsphänomene in der Atmosphäre"* und 2005 in den aktuellen Namen *GEIPAN*, zu deutsch *„Studiengruppe für Informationen über nicht identifizierte Luft- und Raumfahrtphänomene"* umbenannt.

In den Statistiken von 2007 wird die Zahl der unidentifizierten Fälle seit Bestehen der Untersuchungen mit 448 von 1.600 angegeben, was 28 % entspricht. [33]

Offiziell favorisiert die *GEIPAN* keine Hypothese zur Erklärung des UFO-Phänomens, sondern versucht, die wissenschaftliche Gemeinschaft zu weiterer Forschung anzuregen.

Jean-Jacques Velasco, [34] langjähriger Leiter der *SEPRA*, hat 2004 ein Buch veröffentlicht, in dem er sich eindeutig für die Außerirdischen-Hypothese ausspricht. [35]

Studie des Instituts für Weltraumforschung der Russischen Akademie der Wissenschaften (UdSSR, 1979)

In der Sowjetunion wurden ebenfalls UFOs gesichtet. Das *Institut für Weltraumforschung der Akademie der Wissenschaften* der UdSSR brachte 1979 einen Bericht heraus, mit dem Titel *„Beobachtungen anomaler atmosphärischer Phänomene in der UdSSR: Statistische Analyse"*.

Die Autoren sind die Physiker L. M. Gindilis vom Sternberg-Institut für Astronomie, D. A. Menkow vom Physikalischen Institut für Ingenieurwissenschaft und I.G. Petrowskaja vom Institut für Weltraumforschung. [36]

In dem Bericht werden 207 Fälle mit 457 Objekten aus der Zeit von 1957 bis 1979 behandelt. Es wurden hierbei nur Fälle ausgewählt, die nicht durch konventionelle Ursachen erklärt werden konnten. In der Studie wurden die Sichtungen statistisch ausgewertet, z.B. Form des Objekts, physikalische Wechselwirkungen, Anzahl von Zeugen usw.

Die Studie schließt damit, dass die Natur des Phänomens rätselhaft bleibt. Eine weitere Dokumentation und Untersuchungen zukünftiger Fälle wurden empfohlen. [37]

Projekt Hessdalen (N, seit 1983) / Projekt EMBLA (I, 1999–2004)

In einem Gebiet nahe dem Gebirgstal Hessdalen in Norwegen werden, seit 1981, häufig unidentifizierte, fliegende, leuchtende Objekte beobachtet. Dieses sogenannte *Hessdalen-Phänomen* war bereits zweimal Gegenstand wissenschaftlicher Feldstudien.

Das *Projekt Hessdalen* (1983–1985, sowie 1995 bis heute) wurde u.a. von der *Norwegischem Forschungsgesellschaft für Verteidigung* unterstützt und ab 1995 als automatische Beobachtungsstation von der Hochschule Østfold betrieben.

Das Projekt *EMBLA* (1999–2004) wurde von einem italienischem Team von Wissenschaftlern unter der Führung von Massimo Teodorani, Astrophysiker des Instituts für Radioastronomie (IRA) in Florenz, und Gloria Nobili, Physikerin an der Universität Bologna, durchgeführt.

Beide Studien bestätigten das Vorhandensein des Phänomens und konnten es mit Kameras sowie mit verschiedenen technischen Geräten wie Radar, Laser und Infrarot aufzeichnen. Sie waren jedoch nicht in der Lage die Natur oder den Ursprung des Phänomens zu klären. [38]

Die Forscher von Projekt *EMBLA* spekulierten über die Möglichkeit von atmosphärischem Plasma als Ursprung des Phänomens, ebenso wie über eine extraterrestrische Intelligenz. [39]

Um das Phänomen verstehen zu können, verwiesen die Forscher auf die **Notwendigkeit weiterer Untersuchungen**, mit weit besseren Ressourcen, als bei den bisherigen Studien. *Projekt Hessdalen* und *Projekt EMBLA* können übers Internet abgerufen werden. [40]

Untersuchungen der Luftwaffe von Uruguay (ROU, 1989-heute)

Seit 1989 sammelt die Luftwaffe von Uruguay systematisch alle, im Land anfallenden, UFO-Meldungen. Diese werden in einer eigenen Abteilung analysiert.

Diese ehemals geheimen Akten wurden 2009 freigegeben. Analysiert wurden darin bis 2009 etwa 2.100 Fälle. Dies umfasst militärische und zivile Berichte, sowie die Analyse von physikalischen Spuren.

Für 40 Fälle konnte keine konventionelle Erklärung gefunden werden. Der Leiter der Abteilung, Oberst Ariel Sánchez, stellte bei der Veröffentlichung der Akten im Juni 2009 fest: *„Das UFO-Phänomen existiert in diesem Land. Ich muss betonen, dass die Luftwaffe auch die extraterrestrische Hypothese aufgrund unserer wissenschaftlichen Analysen in Betracht zieht".* [41]

Project Condign (GB, 1996–2000)

2006 veröffentlichte das britische Verteidigungsministerium (*Ministry of Defence* - MoD) einen Bericht mit dem Titel *„Unidentified Aerial Phenomena in the UK Air Defence Region / Scientific & Technical Memorandum 55/2/00"* (besser bekannt als *Project Condign*). [42]

Der Bericht stammt vom Dezember 2000 und war bis 2006 streng geheim. Behandelt werden die britischen Meldungen von UFOs im Zeitraum von 1959 bis 1997.

Gemäß diesem Bericht war es die Aufgabe der Untersuchung:

1) Einen statistischen Überblick zu erstellen.
2) Die Frage einer etwaigen Relevanz für die Verteidigung zu beantworten.
3) Die „atmosphärischen und terrestrischen Bedingungen" des Auftretens von UFOs, wo immer möglich, festzustellen.
4) Eine weitere Aufgabe bestand in der Untersuchung aller unerklärbaren Flugzeugabstürze, hinsichtlich der Möglichkeit ihrer Verursachung durch UFOs.

Um eine unbeeinflusste Analyse zu gewährleisten, wurde bei der Untersuchung fast ausnahmslos nur das der Behörde vorliegende Material zugrunde gelegt. Medienberichte sowie Veröffentlichungen von UFO-Forschern wurden nicht berücksichtigt. Der Bericht brachte dabei zum Ausdruck, dass jede auch noch so kleine Einzelheit von Interesse für eine Analyse sei.

Der Bericht kam zu dem Schluss, dass UFOs existieren. Die meisten UFO-Meldungen beruhen maßgeblich auf Verwechslungen mit natürlichen oder konventionellen Phänomenen. Eine Tabelle für den Zeitraum von 1959 bis 1967 nennt hier Satelliten, Ballons, Himmelskörper, Meteorologisches, Flugzeuge und Sonstiges.

Es gibt aber einen Anteil, der so nicht erklärt werden kann. Breiter Raum wurde den Effekten der „nahen" Präsenz von UFOs gewidmet: Verbrennungen menschlicher Haut bzw. Materialien wie Holz etc. sowie das vorübergehende Ausfallen von Automotoren, Radios, Navigationsinstrumenten von Flugzeugen usw. Sowohl für diese als auch andere bizarre Beobachtungen im Zusammenhang mit UFOs zog der Bericht die neuere Plasma-Forschung als möglichen Weg zur Erklärung heran, betonte jedoch zugleich die Unausgereiftheit der Plasma-Theorie.

Weiter sagt der Bericht, dass es keine Hinweise auf einen Zusammenhang zwischen irgendeiner Nation und den UFOs oder Hinweise auf feindliche Absichten gab. Die Schlussfolgerung lautete, dass kein „signifikantes Interesse" für die Verteidigung vorhanden ist. **Jedoch wurde eine Anzahl von technologischen Aspekten entdeckt, die von potenziellem Interesse für die Verteidigung sein könnten.**

Der Bericht weist für die Jahre 1959 bis 1968 insgesamt 796 UFO-Vorfälle auf, von denen **10,4 %** (83 Meldungen) unerklärt blieben.

Project Condign kann übers Internet eingesehen werden. [43] [44]

Sturrock Panel Report (USA, 1997)

In New York fand vom 29. September bis 4. Oktober 1997, ein Workshop zur Untersuchung ausgewählter UFO-Vorfälle statt. Initiator war der Physiker Peter Andrew Sturrock [45] von der Stanford University. Sturrock war mit der Arbeit des *Condon-Reports* nicht zufrieden. Er vertrat die Meinung, dass das Phänomen weiterstudiert werden müsse. 1997 gelang es ihm, eine Gruppe von Wissenschaftlern für eine unabhängige Untersuchung ausgewählter UFO-Vorfälle zusammen zu stellen. Untersucht wurden vor allem die „physikalischen Spuren" durch UFO-Vorfälle.

Der Abschlussbericht dieses Workshops wurde 1998 im *Journal of Scientific Exploration* veröffentlicht und trug den Titel *„Physical Evidence Related to UFO Reports"*. [46]

Es wurden folgende Schlussfolgerungen gezogen: In den präsentierten Fällen fänden sich keine eindeutigen Beweise für das Vorhandensein von unbekannten physikalischen Phänomenen oder für das Wirken einer extraterrestrischen Intelligenz.

Es wurde jedoch empfohlen, UFO-Sichtungen in Zukunft sorgfältig zu untersuchen. Der *Sturrock Panel Report* kann übers Internet abgerufen werden. [47]

COMETA Report (F, 1999)

Die *COMETA* (zu deutsch: *„Komitee für detaillierte Studien"*) ist eine private Gruppe aus Frankreich. Sie entstammt dem Umfeld des französischen Verteidigungsministeriums. 1999 veröffentlichte die *COMETA* einen 90 Seiten umfassenden Report mit dem Titel: *„UFOs und Verteidigung - auf was müssen wir uns vorbereiten?"* [48]

Es wurden dabei verschiedene UFO-Vorfälle untersucht. Der Bericht kommt zu dem Ergebnis, dass UFOs reale, komplexe Flugobjekte sind. Die extraterrestrische Hypothese sei, mit einer hoher Wahrscheinlichkeit, die Erklärung für das UFO-Phänomen.

Es wird weiterhin der Regierung empfohlen, sich auf die Realität des UFO-Phänomens einzustellen und die Forschung auf diesem Gebiet voranzutreiben. Der *COMETA-Report* kann übers Internet abgerufen werden. [7] [49]

Weiterhin haben inzwischen eine Reihe von Regierungen Teile ihrer Akten zum Thema UFOs der Forschung zugänglich gemacht. Viele dieser Akten waren bis dahin geheim. Es sind folgende Länder:
Brasilien, Dänemark, Frankreich, Großbritannien, Italien, Irland, Kanada, Neuseeland, Uruguay, Spanien, Russland und die Ukraine. [7]

Schon die ersten Untersuchungen nach dem zweiten Weltkrieg dienten eher dazu das UFO-Phänomen zu diskreditieren. Daher sollte es nicht verwundern, dass im Bereich der Ufologie auch eine Menge Desinformationen platziert wurden.

Als symptomatisches Beispiel kann hier die Gruppe *Majestic12* genannt werden.

In den 50er Jahren unter Harry S. Truman, soll es noch eine Untersuchung durch eine geheime Gruppe namens *Majestic12* gegeben haben, angeblich 1947 nach dem Roswell-Zwischenfall. [50] [51]

Diese Informationen wurden aber erst 1984 durch den amerikanischen Filmproduzenten Jaime Shandera öffentlich gemacht, der Ende desselben Jahres das Material (Filmrollen) anonym erhalten hatte.

Die Frage der Echtheit dieser Dokumente beschäftigte nicht nur das FBI, sondern ist auch in der Forschung umstritten. [52]

Während die ersten Untersuchungen eher dazu dienten das Interesse am UFO-Phänomen klein zu halten, kommen praktisch fast alle offiziellen Untersuchungen zu dem Schluss: **Das Phänomen existiere und bedürfe weiterer Untersuchungen.**

1.4 - Personen, Konferenzen, Anhörungen

Im Zusammenhang mit den bisherigen UFO-Untersuchungen sind hier noch vier Personen besonders erwähnenswert, nämlich Donald Edward Keyhoe, Jaques Vallée, J. Allen Hynek und Gordon Cooper.

Donald Edward Keyhoe (*20.Juni 1897 - †29.November 1988) [53] war Absolvent der US Marine-Akademie in Annapolis. Danach war er Pilot beim Marine Corps. Er organisierte den historischen Flug von Bennett und Byrd zum Nordpol, war Berater von Charles Lindbergh nach dessen berühmten Paris-Flug, sowie Leiter des Informationsbüros der Luftfahrtabteilung des Handelsministeriums. Er betätigte sich auch als Autor einer Reihe von Luftfahrt-Artikeln und -Geschichten in einer Vielzahl von führenden Zeitschriften. Nach der berühmt gewordenen Kenneth-Arnold-Sichtung von neun seltsamen rasenden Flugobjekten im Juni 1947 und dem beginnenden öffentlichen Interesse an "fliegenden Untertassen" untersuchte Keyhoe die Sache aus skeptischer Perspektive. Im Mai 1950 – nachdem die US Air Force widersprüchliche Verlautbarungen herausgegeben hatte, wandte sich der Verleger der populären amerikanischen Zeitschrift *True* („Wahr"), Ken Purdy, an Keyhoe und bat ihn, seine Beziehungen in Washington spielen zu lassen und zu versuchen, mehr über die Sache herauszubekommen.

Nachdem Keyhoe recherchiert hatte, konnte er, wie er schreibt, nicht mehr umhin, die fliegenden Untertassen als real zu betrachten. Da Form, Flugmanöver, Geschwindigkeit und Beleuchtung der Untertassen jede bekannte irdische Technologie in den Schatten stellten, kam er zu der Überzeugung, dass sie extraterrestrischen Ursprungs sein mussten und die Regierung versuche, die volle Wahrheit über sie zu vertuschen.

Keyhoe brachte wenig später den erweiterten Artikel in Buchform, The Flying Saucers are Real (New York 1950) heraus. Eine überarbeitete Ausgabe erschien 1954 auch auf Deutsch, Der Weltraum rückt uns näher (Originaltitel: *Flying Saucers from outer Space*). In diesem Buch argumentierte er, die Air Force wisse, dass die fliegenden Untertassen „interplanetarisch" wären, spiele dies jedoch herunter, um einer Panik vorzubeugen. In den späten 1950ern und 1960er Jahren wurde Keyhoe von vielen als Leitfigur auf dem Feld der UFO-Forschung betrachtet.

Am 22. Januar 1958 trat Keyhoe in einer CBS-Live-Fernsehshow im Armstrong Circle Theatre auf, um über UFOs zu sprechen. Keyhoe beschuldigte ein US-Kongresskomitee, Beweise ausgewertet zu haben, die „absolut beweisen werden, dass die UFOs Maschinen unter intelligenter Kontrolle sind". CBS stoppte jedoch den Audioteil der Live-Übertragung. Herbert A. Carlborg, CBS-Redaktionsleiter, erklärte: „*Dieses Programm wurde aus Sicherheitsgründen sorgfältig gelöscht*".

Jacques Fabrice Vallée (*24.September 1939) [54] ist ein französischer Astronom und Informatiker. Nach seinem Studium arbeitete er als Astronom am Pariser Observatorium. Danach ging er in die Vereinigten Staaten, wo er an der University of Texas in Austin wirkte und beim MacDonald Observatory für die NASA den Mars kartografierte.

Vallée ist hauptsächlich durch seine Buchpublikationen zur Ufologie bekannt geworden. Er beschäftigte sich u.a. mit der wissenschaftlichen Klassifikation von UFO-Sichtungen. Außerdem übte er scharfe Kritik, sowohl an UFO-Gläubigen wie auch an Skeptikern, bezüglich der Voreingenommenheit, mit denen beide Gruppen das Beweismaterial untersuchen würden.

Vallée vertrat zuerst die *extraterrestrische Hypothese*, d.h. die Ansicht, dass UFOs Raumschiffe einer außerirdischen Zivilisation seien. Gegen Ende der 60er Jahre kam Vallée jedoch zu dem Schluss, dass einige Aspekte des UFO-Phänomens damit nicht erklärt werden könnten. Er arbeitete fortan mit Hypothesen, die versuchten, das UFO-Phänomen in den größeren Bereich der paranormalen Erscheinungen einzuordnen, wie z.B. mit einer interdimensionalen Hypothese. Ebenso hielt er es für möglich das ein nicht-menschliches Bewusstsein, das nicht an unser Raumzeit-Gefüge gebunden ist, die Ursache sein könnte.

Josef Allen Hynek (*1.Mai 1910 - † 27. April 1986) [55] war ein US-amerikanischer Astronom, der vor allem wegen seiner Arbeiten im Bereich der Ufologie bekannt geworden ist.

Ab 1948 war Hynek bei der US Air Force als wissenschaftlicher Berater für *Project Sign* tätig, der ersten staatlichen Untersuchung des UFO-Phänomens in den USA. Nach der Umwandlung des Projekts in *Project Grudge* 1950 und schließlich in *Project Blue Book* im Jahre 1952 blieb Hynek wissenschaftlicher Berater der Projekte.

Hynek arbeitete zuerst als „Entlarver" angeblicher UFO-Sichtungen und war auch Mitglied des von der CIA initiierten *Robertson Panel*. Das *Robertson Panel* war eine Kommission von Wissenschaftlern, die das UFO-Phänomen hinsichtlich seiner Bedeutung für die nationale Sicherheit und die Bevölkerung untersuchen sollte. Der Ausschuss kam zu dem Schluss, dass UFOs keine Gefahr für die nationale Sicherheit darstellen würden und empfahl eine PR-Kampagne zur Senkung des Interesses bei der Bevölkerung.

Seit Anfang der 1960er Jahre weckte Hyneks Arbeit im Rahmen von *Project Blue Book* zunehmend das Interesse der Bevölkerung. Es erfolgte dann ein zunehmender Gesinnungswandel bei Hynek, weg von einer entlarvenden Sichtweise und hin zu einer offenen Kritik am Vorgehen der Air Force.

Während die US Air Force das UFO-Phänomen aufgrund der statistischen Ergebnisse für nichtig erklärte, betonte Hynek einige unerklärbare Vorfälle, bei welchen die Objekte z. B. von Polizeibeamten oder Astronomen gesichtet worden waren.

Hyneks Rolle im Zusammenhang mit dem UFO-Phänomen ist zwiespältig. Ihm wurde, von Seiten der offiziellen Wissenschaft, vorgeworfen, lange Jahre das Aushängeschild für seriöse Forschung gewesen zu sei, bis er mehr und mehr ins Ufologen-Lager wechselte.

Bemerkenswert ist hier noch, das Hynek 1977 als wissenschaftlicher Berater für Steven Spielbergs SF-Film *„Unheimliche Begegnung der dritten Art"* tätig war. Der Titel des Films bezieht sich auf Hyneks Skala für UFO-Sichtungen. Er übernahm auch eine kleine Statistenrolle im Film.

Während der 1970er Jahre zeichnete sich Hynek eher als Skeptiker verschiedener UFO-Hypothesen aus. In seinen letzten Lebensjahren stellte er sich der inzwischen populär gewordenen *„Extraterrestrischen Hypothese"* kritisch gegenüber.

Wegen der hohen Zahl von UFO-Nahsichtungen und des beschriebenen Verhaltens der Humanoiden begann er, seine Zweifel darüber zu formulieren, dass UFOs Fluggeräte nur interplanetarischen Ursprungs seien und vertrat auch eine *„interdimensionale"* Herkunft des Phänomens.

Leroy Gordon Cooper (*6.März 1927 - † 4.Oktober 2004) [56] war ein US-amerikanischer Astronaut. Am 15. Mai 1963 startete Cooper mit Mercury-Atlas 9 zu seinem ersten Weltraumflug. Das Raumschiff hatte er Faith 7 genannt. Er umkreiste die Erde 22 Mal und verbrachte damit mehr Zeit im All als seine fünf Vorgänger zusammen.

Während der letzten Umlaufbahn teilte Major Gordon Cooper der Verfolgungsstation in Muchea (in der Nähe von Perth, Australien) mit, dass er ein glühendes, grünliches Objekt vor sich sehen könne, das sich schnell seiner Kapsel nähere. Das UFO war echt und solide, weil es von Mucheas Ortungsradar aufgenommen wurde. Coopers Sichtung wurde von der National Broadcast Company gemeldet, die den Flug Schritt für Schritt abdeckte. Aber als Cooper landete, wurde Reportern gesagt, dass sie ihn nicht über die UFO-Sichtung befragen sollten.

Am 27. Juni 1962 wurde er dann für den nächsten Flug, Mercury-Atlas 8 mit Walter Schirra, als Ersatzpilot nominiert. Dieser Flug fand am 3. Oktober statt.
Im Rahmen des Gemini-Programms mit Zwei-Mann-Raumschiffen wurde Cooper das Kommando über Gemini 5 übertragen. Sein Pilot war Charles Conrad. Dieser Flug wurde vom 21. August bis zum 29. August 1965 durchgeführt und bedeutete mit 190 Stunden einen neuen Langzeitrekord.
Im Apollo-Programm diente Cooper als Ersatz-Kommandant für A-pollo 10, das im Mai 1969 die Generalprobe für die Mondlandung durchführte.
Cooper verließ die NASA und die Luftwaffe 1970. Er wechselte in die Wirtschaft und war in verschiedenen Firmen als technischer Berater in den Bereichen Luftfahrt und Elektronik tätig.
Nach seiner Zeit bei der NASA widmete sich Cooper der Aufklärung des UFO-Phänomens. Durch persönliche Erlebnisse in seiner Zeit beim Militär und der NASA initiiert, war er der Überzeugung dass UFOs existieren und außerirdische Lebewesen der Ursprung des Phänomens sind.
1985 verfasste Cooper einen öffentlichen Brief an die UN, in der er seine Ansicht darlegte und sich für eine internationale, wissenschaftliche Untersuchung des UFO-Phänomens einsetzte.

UN-Panels (1977-79)

Ende der 1970er Jahre beschäftigte sich die Generalversammlung der Vereinten Nationen, auf Vorschlag des Premierministers von Grenada, Eric Gairy, mit dem Thema UFOs. Am 14. Juli 1978 wurde der damalige UN-Generalsekretär Kurt Waldheim u.a. von Gordon Cooper, Jacques Vallée und J. Allen Hynek informiert. [57]
In Folge wurden die Beschlüsse *A/DEC/32/424* und *A/DEC/33/426* angenommen. Diese schlägt den Mitgliedsstaaten vor, eine UN-Einrichtung zu gründen, um UFOs und damit verbundene Phänomene zu untersuchen. Mangels Unterstützung der Mitgliedsstaaten kam es aber nicht dazu. Die Untersuchungen wurden auf die nationale Ebene verwiesen. [58]

Darüber hinaus erfolgten seit 2000 noch einige Pressekonferenzen in den USA. Eine vollständige Beschreibung aller Konferenzen samt zugehörigem Hintergrundmaterial lässt sich via Internet z.B. in der Wikipedia finden. [7] Daher auch hier wieder nur eine Auswahl der wichtigsten Konferenzen.

Pressekonferenz „Disclosure Project (USA, 2001)

Zwanzig Zeugen aus Militär, Geheimdienstkreisen und zivilen Organisationen traten am 9. Mai 2001 vor die Öffentlichkeit und berichteten von ihren Erfahrungen über UFOs und ihrer Geheimhaltung.
Steven Greer, Gründer des *Disclosure Projects* initiierte die Pressekonferenz, mit dem Ziel eine Offenlegung der vermeintlichen UFO-Geheimhaltung zu erreichen.
Obwohl große US-Medien darüber berichteten und die Zeugen auch als glaubwürdig betrachtet wurden, versandete das Interesse aber schnell wieder. Eine Anhörung vor dem Kongress kam nicht zustande. [59]

Pressekonferenz „Neue Untersuchung des UFO-Phänomens" (USA, 2007)

Am 12. November 2007 wurde in Washington D.C. eine Pressekonferenz abgehalten, unter Leitung des ehemaligen Gouverneurs Arizonas Fife Symington.
Es erzählten insgesamt 19 Personen (Piloten, Militärs und Regierungsangestellte) von ihren Erlebnissen mit UFOs und forderten von der US-Regierung eine neue Untersuchung des Phänomens.
Unter anderem berichtete General Parviz Jafari von der iranischen Luftwaffe von einem Vorfall 1976 über Teheran. Luftwaffengeneral Willfried De Brouwer von der belgischen Luftwaffe sprach über die *Belgische UFO-Welle* und der ehemalige Gouverneur von Arizona, Fife Symington berichtete über die Sichtungen 1997 über Phoenix, die sogenannten *Phoenix Lights*. [60] [61]

Pressekonferenz „UFOs und Nuklearwaffen" (USA, 2010)

Am 27. September 2010 fand eine Pressekonferenz mit dem Thema *„UFOs und Nuklearwaffen"* statt, die der Buchautor Robert Hastings [62] organisierte.
Sechs ehemalige Offiziere und ein Pilot der US-Luftwaffe berichteten über ihre UFO-Erfahrungen, stellvertretend für über 120 Aussagen weiterer Militärs, die Hastings zu diesem Thema zusammengetragen hatte. [63] [64] [65]

Citizen Hearing on Disclosure, USA 2013

Durch den US-amerikanischen UFO-Aktivist Stephen Bassett fand Vom 29. April bis 3. Mai 2013 in Washington D.C. eine Anhörung vor ehemaligen Angehörigen des US-Kongresses statt.

Im Anhörungsausschuss sind beide politische Lager vertreten: Von den Demokraten beteiligen sich der frühere Senator Alaskas, Mike Gravel sowie die ehemaligen Kongressabgeordneten Lynn Woolsey aus Kalifornien, Carolyn Kilpatrick aus Michigan und Darlene Hooley aus Oregon. Zu den republikanischen Ausschussmitgliedern zählen Roscoe Bartlett aus Maryland und Merrill Cook aus Utah. 40 militärische Augenzeugen und UFO-Forscher sagten im Rahmen der Bürgeranhörung aus.
Dr. Edgar Mitchell (NASA-Astronaut); Paul Hellyer (Ex-Verteidigungsminister Kanadas); John Callahan (US-Luftfahrtbehörde FAA); Sgt. John Burroughs und Sgt. Jim Penniston (US-Luftwaffe); Capt. Robert Salas (US-Luftwaffe); Maj. George Filer, III (US-Luftwaffe); Lt. Col. Richard French (US-Luftwaffe); Lt. Col. Kevin Randle (US-Army Reserve) sowie der Sohn des früheren Kampfjetpiloten Dr. Milton Torres (US-Luftwaffe).
Zu den militärischen Zeugen aus dem Ausland zählen Dr. Anthony Choy (Leiter der peruanischen UFO-Untersuchungsbehörde OIFAA) und sein uruguayanischer Amtskollege Col. Ariel Sánchez (CRIDOVNI) sowie Col. Oscar Santa-Maria Huertas (peruanische Luftwaffe).
Ergänzt wird die Anhörung durch Aussagen führender UFO-Forscher: Grant Cameron (Kanada), Alejandro Chionetti (Argentinien), Peter Davenport (USA), Richard Dolan (USA), Stanton Friedman (Kanada), A.J. Gevaerd (Brasilien), Dr. Steven Greer (USA), Gary Heseltine (Großbritannien), Linda Moulton Howe (USA), Antonio Huneeus (USA), Dr. Roger Leir (USA), Dr. Jesse Marcel Jr. (USA), Roberto Pinotti (Italien), Nick Pope (Großbritannien), Donald R. Schmitt (USA), Dr. Sun Shili (China), Dr. Thomas Valone (USA), Dr. Robert Wood (USA). [66]

CIA und Area 51

Interessanterweise gab der US-amerikanische Geheimdienst CIA im August 2013, drei Monate nach der *Citizen Hearing on Disclosure*, die Existenz von *Area 51* bekannt. Die Existenz von *Area 51* wurde von der Regierung der Vereinigten Staaten Jahrzehnte lang geheim gehalten.
Area 51 ist ein militärisches Sperrgebiet im südlichen Nevada (USA) im Besitz der United States Air Force und des US-amerikanischen Verteidigungsministeriums. Die Basis liegt innerhalb des großen Luftwaffenübungsgeländes Nellis, als eigene zusätzlich gesicherte militärische Anlage. Offiziell testet die US Air Force dort neue Experimentalflugzeuge.

Area 51 ist Gegenstand vieler Verschwörungstheorien, vor allem zur Erforschung außerirdischer Lebensformen auf der Militärbasis. [67]

Advanced Aerospace Threat Identification Program, USA 2017

Das *Advanced Aerospace Threat Identification Program* (AATIP) war eine geheime Untersuchung, die von der Regierung der Vereinigten Staaten finanziert wurde, um nicht identifizierte Flugobjekte zu untersuchen. Das Programm wurde erstmals am 16. Dezember 2017 veröffentlicht. [68]

Der von dem damaligen US-Senator **Harry Reid** (Nevada) [69] initiierte Versuch, ungeklärte Luftphänomene auf Drängen von Reids Freund, dem Geschäftsmann und Regierungsvertreter von Nevada, **Robert Bigelow** (siehe auch Seite 189) und mit Unterstützung des verstorbenen Senators Ted Stevens (Alaska) und Daniel Inouye (Hawaii) begann das Programm im Jahr 2007 bei der *Defense Intelligence Agency* und endete nach fünf Jahren 2012 mit einem Budget von 22 Millionen US-Dollar, das über die fünf Jahre verteilt war.

Obwohl das offizielle AATIP-Programm abgelaufen ist, hat eine verwandte Gruppe interessierter Fachleute die Bemühungen ausgeweitet und eine gemeinnützige Organisation namens "*To The Stars Academy of Arts & Science*" gegründet.

Das Advanced Aerospace Threat Identification Program hat einen aktuell unveröffentlichten 490-seitigen Bericht erstellt, der angebliche weltweite UFO-Sichtungen über mehrere Jahrzehnte dokumentiert.

Das Programm wurde von Luis Elizondo geleitet, der im Oktober 2017 aus Gründen des Regierungsgeheimnisses und der Opposition gegen die Untersuchung aus dem Pentagon ausschied und in einem Rücktrittsschreiben an US-Verteidigungsminister James Mattis erklärte, dass das Programm nicht ernst genommen werde. [70]

Während das Verteidigungsministerium der Vereinigten Staaten erklärt hat, dass das Programm im Jahr 2012 beendet wurde, ist der genaue Status des Programms und seine Beendigung weiterhin unklar.

1.5 - Die heutige Situation

Weiterhin existieren inzwischen mehrere internationale und auch deutsche Organisationen die UFO-Sichtungen bzw. Vorfälle registrieren und auswerten. Am bekanntesten sind:

NARCAP

National Aviation Reporting Center on Anomalous Phenomena – eine Organisation, die es Piloten, Luftraumüberwachungspersonal, Radaroperatoren oder anderem professionellem Personal diskret gestattet Meldung, zu allen ungewöhnlichen Vorfällen im Luftraum, zu machen. [71]

MUFON

Das *Mutual UFO Network* (MUFON) ist eine amerikanische Organisation, welche sich die wissenschaftliche Erforschung des UFO-Phänomens, seit 1969, zur Aufgabe gemacht hat. Sie ist eine der größten und ältesten Organisationen weltweit in diesem Themengebiet und verfügt über Ableger in mehreren Ländern der Welt, auch in Deutschland, vertreten durch die MUFON-CES. [72]

GEP

Die *Gesellschaft zur Erforschung des UFO-Phänomens* (GEP e.V.) ist die größte als gemeinnützig anerkannte, wissenschaftliche Vereinigung in Deutschland. Sie beschäftigt sich hauptsächlich mit der Erforschung des UFO-Phänomens. Die GEP wurde im Jahr 1972 gegründet und sie gibt die Zeitschrift *jufof* heraus. [73]

DEGUFO

Die *DEGUFO* beschäftigt sich mit der Sammlung und möglichen Aufklärung von UFO-Sichtungen im deutsch-sprachi-gen Raum und versucht wertefrei an die Aufklärung ihrer Sichtungsmeldungen heranzugehen. Ebenso versuchen sie bei der Untersuchung Ihrer Sichtungsmeldungen möglichst nach wissenschaftlichen Gesichtspunkten vorzugehen.
Die **DEGUFO** hält Kontakt zu den wichtigsten deutschen UFO Forschungsstellen und –Vereinen und veröffentlicht interessante Sichtungsmeldungen (nach vorheriger Genehmigung) und Berichte über grenzwissenschaftliche Themenbereiche in ihrer Zeitschrift *DEGUFORUM*. [74]

Erwähnenswert ist hier noch, dass alle in diesem Buch geschilderten UFO-Sichtungen und Vorfälle auch durch *MUFON* registriert worden sind und dies sogar seinen Einschlag in den Fernsehmedien fand.

Eine erste Ausstrahlung im US-TV geschah 2011 unter dem Titel *„Secret Access: UFOs On The Record"* (Die geheimen UFO-Akten – Besuch aus dem All).

Die Erstausstrahlung in Deutschland erfolgte 2014 auf dem *„History-Channel"* mit dem Titel *„Hangar 1 – Rätsel aus dem All"* (USA, 2014 „Hangar 1: The UFO Files"). N24 brachte diese Sendungen dann 2015 unter dem Titel *„Die geheimen UFO-Akten"* heraus.

N24 sendet seit 2015, in regelmäßigen Abständen, eine Serie mit dem Titel *„Die UFO-Akten"* aus, welche eine Überarbeitung der bisherigen Sendungen darstellt, zum Teil mit neuen Zusammenhängen und zum Teil neu zusammen geschnitten. Es handelt sich dabei um einzelne Sendungen, mit je einem Thema wie *„Alien-Technologie"*, *„Alien-Hotspots"*, *„Aliens und Airlines"*, *„Unterirdische Stützpunkte"*; *„Das Star Wars-Programm"* sowie *„Präsidenten und Aliens"*. (siehe dazu auch im Internet)

Alle diese Sendungen und das Material aus dem Archiv der *MUFON*, dem sogenannten *„Hangar 1"*, bestätigen die in diesem Buch geschilderten Sichtungen und Vorfälle noch einmal.

UFO-Sichtungen sind seit dem 19ten Jahrhundert dokumentiert und es liegen bis heute, allein bei *MUFON* im *„Hangar 1"*, über 70.000 Fälle vor.

Es lässt sich eine Eingrenzung der Sichtungen vornehmen, wenn man astronomische, atmosphärische und technische Effekte aussortiert, wie z.B. Satelliten, Weltraumschrott, Meteoriten, Asteroiden, Planeten, Flugzeuge, Wetterballons, Wolkenformationen oder auch ferngesteuerte Modelle, Vögel und Insekten.

Es verbleibt eine Restzahl von Sichtungen (etwa 5%), die zum Teil durch mehrfach-Beobachtungen und auch gleichzeitiger Radarerfassung seriös belegt sind. Das sind bis heute zig-tausend Fälle, die auch manchmal als *„X-Akten"* bezeichnet werden.

Das beste Beispiel ist die Sichtungswelle von dreieckigen UFOs in Belgien, die von November 1989 bis 1992 verlief. [10] Die Sichtungen erreichten ihren Höhepunkt in der Nacht vom 30. zum 31. März 1990 und wurde von mehr als 13.000 Menschen beobachtet. 2.600 dieser Zeugen reichten sogar eine schriftliche Beobachtung ein.

Das Objekt wurde auch durch Radar detektiert. In der fraglichen Nacht starteten dann zwei Militärjets und es begann eine etwa einstündige Verfolgungsjagd.

Die Vorfälle in Belgien liefern ebenfalls ein Beispiel wie die Verunglimpfung des UFO-Phänomens betrieben wird.
Etwa 20 Jahre später, am 26.07.2011, berichtete die Zeitung *„DIE WELT"*, dass sich vier junge Belgier dazu bekannt hätten, ein Styropor-Modell angefertigt und dessen Fotografie veröffentlicht zu haben. Das wird zum Anlass genommen die gesamten Vorfälle in Belgien als Fälschung zu deklarieren. [75]
Dieses Vorgehen ist sozusagen symptomatisch für die Desinformation die in diesem Bereich betrieben wird. Die vier Belgier hatten lediglich eine Fotografie des UFOs nachgemacht. Sonst nichts.
Die Vorfälle im März 1990 selber sind durch Radarerfassung bestätigt. Man darf davon ausgehen, dass das belgische Militär nicht zwei Kampfjets in die Luft beordert, weil irgendwelche Jugendliche aus Spaß Fotos gemacht haben.
Während ihrer 65-minütigen Beobachtung fotografierten die Piloten der F16 das Objekt fünfzehnmal.
Außerdem kann man 13.000 Menschen, die die UFOs beobachtet haben, nicht einfach als Deppen deklarieren.
Die Schlussfolgerungen, welche die Zeitung *„DIE WELT"* hier zieht, entsprechen keineswegs seriösem Journalismus. Es ist vielmehr ein geradezu symptomatisches Beispiel dafür, mit welchen Tricks und Methoden versucht wird, das UFO-Phänomen ins Lächerliche zu ziehen.

Das Beispiel Belgien zeigt noch eine Schwierigkeit auf, der man bei dem Thema UFOs begegnet – die Filme und Fotografien.
Offensichtlich gibt es eine Reihe von Menschen die sich einen Spaß daraus machen Desinformation in die Welt zu setzen. Das betrifft fast das gesamte heutige Foto- und Videomaterial über UFOs, welches im Internet kursiert.
Aufgrund des heutigen Standes der Technik gelingt es hier praktisch nur noch Experten, Echtes von Fälschung zu unterscheiden. In der Konsequenz kann man dem heutigen Foto- und Videomaterial nicht mehr trauen.

Ein weiteres Beispiel für einen Verschleierungsversuch liefern die sogenannten *„Phoenix Lights"*, die in Phoenix, Arizona und Sonora, Mexiko am Donnerstag den 13. März 1997 auftraten.
Mehrere tausend Zeugen berichteten von einer riesigen V-förmigen Struktur (mehrere Fußballplatz Größe), die etwa eine Stunde lang langsam über die Stadt schwebte. An den Schenkeln des V-förmigen Gerätes befand sich jeweils eine Lichterreihe. [76]
Die United States Air Force gab später an die Leuchten wären Fackeln gewesen, die man abgeworfen hatte. Dabei stimmte aber der

Fackeleinsatz zeitlich nicht mit dem Erscheinen des beobachteten Fluggerätes überein.
Alles in allem auch hier eine gerade zu lächerlich plumpe Verschleierung für das Phänomen.

John Fife Symington III [77] ist ein ehemaliger US-amerikanischer Politiker. Er war von 1991 bis 1997 Gouverneur des Bundesstaates Arizona.
Am 14. März 1997 wird über Phoenix, der Hauptstadt des US-Bundesstaates Arizona, ein UFO gesichtet. Das Objekt wird als *„V-förmige, ungeheuer große fliegende Maschine"* beschrieben, von tausenden Augenzeugen gesehen und live im regionalen TV-Sender KNXV-TV übertragen. Das Ereignis wird von der Medienwelt auf den Namen *„Phoenix Lights"* getauft.

Fife Symington, der republikanische Gouverneur Arizonas kündigt am Morgen des 19. Juni 1997 eine offizielle und umfassende Untersuchung des Vorfalls an. Am Nachmittag des selben Tages beruft er jedoch eine spontane Pressekonferenz ein, da er die Ursache der Phoenix Lights gefunden habe. Vor laufenden Fernsehkameras lässt er seinen Polizeichef Jay Heiler in Handschellen und Alien-Verkleidung vorführen und erklärt diesen zum Urheber des Vorfalls.
Später entschuldigte sich Symington wegen des Klamauks mit der Begründung dass er keine Unruhen in der Bevölkerung verursachen wollte. [78]
Der inzwischen als Geschäftsmann tätige Ex-Gouverneur räumt im März 2007 erst gegenüber der Journalistin Leslie Kean, später auch bei CNN ein:
„Es wirkte einfach nicht so, als sei es von dieser Welt. Solange uns das Verteidigungsministerium nicht das Gegenteil beweist, nehme ich an, dass es so etwas wie ein außerirdisches Raumschiff war". [79]

Es existieren inzwischen eine ganze Reihe von mehr oder weniger dümmlichen Ausflüchten für das UFO-Phänomen, wie abfackelndes Sumpfgas, Reflexionen der Venus oder Lichter von Leuchttürmen und Leuchtfackeln.

Das Verhalten der offiziellen Politik und Wissenschaft erinnert stark an das Phänomen der Riesenwellen bzw. Monsterwellen. Diese waren ja schon seit Jahrhunderten bekannt und gerade in der heutigen Zeit mehrten sich die Vorfälle. Den Berichten von Seeleuten wurde keine Beachtung geschenkt. Diese Seeleute liefen sogar Gefahr ihren Job zu verlieren, wenn sie von diesen Vorfällen berichteten, da solche Meldungen als Seemannsgarn abqualifiziert wurden. Selbst Fotografien von Riesenwellen änderten nichts an der Situation.

Erst als 1995 eine Riesenwelle durch die Lichtschranke der norwegischen Ölplattform Draupner-E [80] gemessen werden konnte, wurde das Phänomen „Monsterwelle" zu einem Objekt der wissenschaftlichen Forschung.

Will man nicht den gleichen Fehler wiederholen, so muss man sich dem Thema des UFO-Phänomens widmen und es **untersuchen**.

Denn außer den herkömmlichen UFO-Sichtungen existieren ja noch die Fälle in denen das bzw. die Objekte so nah waren, so dass Einzelheiten erkannt werden konnten. Und es existieren ja auch die Fälle in denen UFOs durch physikalische Wechselwirkung mit der Umgebung Spuren hinterlassen haben wie z.B. Verstrahlung, Verbrennungen oder Ausfall technischer Geräte.

1.5.1 Definition   **Als UFO-Phänomen werden hier alle Sichtungen bezeichnet, die nicht durch konventionelle Ursachen erklärt werden können.**

Aus dem bisher aufgeführten UFO Material, den Recherchen und den Überlegungen dazu und der zusammenfassenden Bewertung, lässt sich folgende Schlussfolgerung ziehen:

1.5.2 Axiom   **Das UFO-Phänomen ist ein reales Phänomen.**

Manchmal kommt es auf der Erde zu regelrechten Sichtungswellen von UFOs. Dabei tauchen UFOs, zum Teil über mehrere Tage hinweg, über Städte oder ganzen Ländern auf.

Ein typisches Ereignis dieser Art war die Sichtungswelle von 1990 in Belgien, wo dreieckige Objekte von tausenden Menschen gesehen worden sind.

Bei Durchsicht des UFO-Materials ergaben sich im Zeitraum von rund 100 Jahren folgende Sichtungswellen: [81] [82]

1896/1897	Sichtungen in USA (etwa 10000 Beobachter)
1943/1944	Sicht. durch militärische Flugzeuge (Foo-Fighter)
1946	Sicht. in Skandinavien (etwa 1000 Beobachter)]
1952	Sichtungen in Washington/USA
1954	Sichtungen in Frankreich (10 Vorfälle)
1965	Sichtungen in Argentinien]
1989/1990	Sichtungen in Belgien (etwa 10000 Beobachter)
1996	Sichtungen in Brasilien

UFO-Sichtungen sind seit dem Mittelalter dokumentiert und es liegen bis heute, wie bereits erwähnt, allein bei *MUFON* im *„Hangar 1"*, über **70.000** Fälle vor.
Das insgesamt gesichtete und hier dargestellte Material stammt zur überwiegenden Mehrheit aus Europa, sowie Nord- und Südamerika und umfasst einen Zeitraum von rund 80 Jahren.

Seit dem Fall der Sowjetunion haben einige russische Archive geöffnet und so sind hunderte Sichtungen in Russland bekannt geworden. Außerdem gibt es hunderte von Sichtungen im asiatischen Raum und in Südamerika jedes Jahr.
Das ist insofern wichtig, als dass es wahrscheinlich in Russland, Indien, China, überhaupt in Zentralasien weitere, registrierte Vorfälle gibt, die nicht publiziert sind.
In Japan geht man mit dem Thema offener um. Im Dezember 2007 erklärte Vizechef und Sprecher der Regierung, Nobutaka Machimura, er sei *„absolut überzeugt"*, dass Ufos existieren. Zwei Tage sagte Verteidigungsminister Shigeru Ishiba in Tokio *„Nichts rechtfertigt es zu bestreiten, dass Ufos existieren und von einer anderen Lebensform kontrolliert werden"*. (siehe Seite 68)

1.5.3 Axiom   Das UFO-Phänomen ist ein globales Phänomen.

Im ersten Kapitel kam es uns darauf an, einen allgemeinen Überblick über bisher im westeuropäischen und amerikanischen Raum publizierte Untersuchungen und Aktionen zu liefern, um zu zeigen das die UFO-Thematik keine rein private Angelegenheit ist, sondern schon weite Kreise gezogen hat, die nicht mehr zu ignorieren sind. So dass sich daraus das Axiom zur Existenz des UFO-Phänomens ergibt.
Ich bin mir im Klaren, dass damit bei Menschen die sich schon länger mit Ufologie beschäftigen quasi offene Türen eingerannt werden. Die Einführung zum UFO-Phänomen ist daher eher für Menschen gedacht, die sich bisher nicht oder nur oberflächlich mit dem Thema beschäftigt haben.
Bei der Auflistung der Quellen war ich bisher auf die „westlichen Quellen" (bis auf Ausnahmen über Ereignisse im damaligen Russland) beschränkt, wie ich auch geschrieben habe, daher bin ich mir der „Begrenztheit" durchaus bewusst – da ich darauf hingewiesen habe sehe ich diese Darstellung nicht als „oberflächlich" an. An eine vollständige Liste aller Untersuchungen habe ich bisher zwar gedacht, sehe aber zur Zeit keine Möglichkeit die zu realisieren, denn „vollständig" würde „weltweit" bedeuten und nach meinen Recherchen betrifft dies über 1.000.000 Sichtungen aus der ganzen Welt.

2 – Fallunterscheidungen und die Konsequenzen

Wenn das UFO-Phänomen existiert, was ist es dann?

Aus wissenschaftlicher Sicht gibt es nur zwei Ansätze um an das UFO-Phänomen heranzugehen:

1) Etwas zu beobachten und lediglich die Erscheinungsweise zu beschreiben, ohne eine Erklärung darüber abzugeben. Dies ist die beschreibende Betrachtungsweise.

2) Ein System von Aussagen zu generieren, um die beobachteten Phänomene erklären zu können. Dies kann man als synthetische Betrachtungsweise bezeichnen.

Bei der ersten Art verbleibt man auf der beschreibenden Stufe, ohne Ansätze zur Erklärung zu entwickeln – man beschreibt lediglich WIE etwas erscheint. Die Biologie hat z.B. so angefangen.
Erst bei der zweiten Art versucht man, anhand von Arbeitshypothesen, zu erklären WARUM etwas so erscheint wie es erscheint. Und insofern liefert dieses Buch eine Interpretationsmöglichkeit.
Laut Kapitel 1 ist ja schon ausgeschlossen, dass es sich bei dem UFO-Phänomen um ein rein psychisches bzw. Wahrnehmungs-Phänomen handelt und es sind schon alle Fälle ausgeschlossen, die eine bekannte natürliche Ursache haben. Meiner Meinung nach kommen eigentlich nur folgende Ursachen für das UFO-Phänomen in Frage:

1) die Phänomene sind physikalischen Ursprunges und beruhen auf Effekten, die uns noch nicht bekannt sind.
2) die Phänomene sind terrestrische bzw. extraterrestrische Fluggeräte.
3) die Phänomene sind interdimensional (was ein mehrdimensionales Universum bzw. Multiversum voraussetzt, oder ein Universum in dem der Faktor Dimension keine Rolle spielt bzw. nicht die uns bekannte).
4) die Phänomene entstehen durch ein höheres Bewusstsein bzw. nach Jaques Vallee ein nicht-menschliches Bewusstsein, das nicht an unser Raumzeit-Gefüge gebunden ist.
5) die Phänomene stellen Zeittunnel dar.

Die Auflistung dieser Parameter bzw. Optionen ist aber wieder beschränkt, weil sie durch „uns" mit unserem (beschränkten) Bewusst-

sein formuliert wird (ohne Kontakt mit anderen nicht irdischen Lebensformen / intelligenten Spezies).
Meiner Meinung nach existieren alle 5 Interpretationsmöglichkeiten gleichwertig nebeneinander, d.h. alle Sichtungen verteilen sich wahrscheinlich auf alle 5 Ursachen. Allerdings gehe ich davon aus, dass die Häufigkeiten der einzelnen Ursachen doch recht unterschiedlich sind.

Nimmt man alle 5 Möglichkeiten zusammen, kommt man dennoch zu der gleichen Konsequenz: Unsere derzeitige Physik reicht nicht aus, um diese Phänomene zu erklären. Unsere Physik ist demnach unvollständig.

Aus den angegebenen Ursachen und den bisher aufgenommenen Sichtungen lassen sich gewisse Rückschlüsse ziehen:

> Bei interdimensionalen oder zeitlichen Verbindungen bedarf es eines „*Tunnels*" von einem Universum zum nächsten bzw. einer Zeit zu einer anderen. Aus physikalischer Sicht wird dieser Tunnel im Zieluniversum bzw. in der Zielzeit immer als *Energieblase* sichtbar sein – also etwas das Kugelgestalt hat.
> Es existieren Berichte von solchen Blasen, aus denen dann auch manchmal Objekte oder Fahrzeuge hervor kommen. Solche Blasen könnten also Indizien für interdimensionale oder temporäre Ereignisse darstellen.
> Und in der Regel fliegen solche Blasen bzw. die darin befindlichen Objekte nicht in der Gegend herum, sondern verharren an einem Ort.

> Ein höheres Bewusstsein ist eine energetische Erscheinung, die schon aufgrund seiner Struktur und Zusammensetzung, für Radar und elektromagnetische Wellen unsichtbar sein dürfte.

Die Konsequenz ist: ein fliegendes Objekt dessen Realität gleichzeitig durch Augenzeugen und Radar oder noch nachgeschickten Kampfjets verifiziert ist, kann der **Klasse der Fluggeräte** zugeordnet werden.
Da die bekanntesten und von mir zitierten Sichtungen (wie die belgische Ufo-Welle, Japan-Airlines-Flug 1628) also eher auf Fluggeräte hindeuten, die durch eine Intelligenz gesteuert werden, entspricht das mehr der ETH (*Extra Terrestrische Hypothese*). Durch diesen Aspekt wird die UFO-Thematik sozusagen zur Eingangstür für die Frage nach außerirdischer Intelligenz in unserer Galaxis.

2.1 - Fluggeräte

Um uns einer Antwort anzunähern, schauen wir uns erst einmal die verschiedenen Erscheinungsweisen von UFOs an. Damit meine ich „wer sieht was"?
Bis heute existieren mehrere Schemata die Menschen zu UFO-Sichtungen erstellt haben. Die bekanntesten stammen von J. Allen Hynek, Allen Hendry, Jacques Vallée, Jacques Scornaux, Harley Rutledge, Willy Smith und Rudolf Henke. [1]
Auf diese Systeme wird hier aber nicht weiter zugegriffen. Sie sind auch im Internet z.B. bei der *MUFON* ausreichend dokumentiert. [2]
Schaut man sich das gesamte UFO-Material an, so lassen sich die UFO-Sichtungen in fünf Kategorien unterteilen.

1   Abstürze
2   fliegende Objekte (evt. mit Lichterscheinungen)
3   Flugkörper mit energetischen Phänomenen
4   Rein energetische Phänomene
5   Direkte Begegnungen (mit Objekten oder Lebewesen)

Daraus lassen sich dann auch Schlüsse über die Natur des Phänomens ziehen.

2.2 - Abstürze

Das bekannteste Ereignis ist wohl der Absturz 1947 bei Roswell. Doch lässt sich hier nicht ausschließen, dass es sich bei der UFO-Meldung in der damaligen Zeitung *„Roswell Daily Record"* vom 8 Juli, um eine Propagandameldung des Militärs handelte, um vom eigentlichen Objekt abzulenken. [3] Roswell ist inzwischen quasi zum Mythos geworden und daher im Internet gut dokumentiert. [4]
Aufgrund der widersprüchlichen Datenlage und deren Interpretationen ist es heute nicht mehr möglich zu klären, ob es sich bei dem Objekt um ein terrestrisches oder extraterrestrisches Gerät handelte. Ein weiterer bekannter Absturz ist der von 1965 in der Nähe von Kecksburg (USA). [5] Dort soll ein glocken- bzw. eichelförmiger Flugkörper, der so groß wie ein Auto war, abgestürzt sein. Schon eine Stunde später war das Militär vor Ort und transportierte das Gerät weg. [6]
Zwischen 1947 bis 1952 soll es 16 Abstürze von UFOs in den USA gegeben haben. [7]

Auffallend an einigen dieser Ereignisse ist, dass das Militär jeweils kurze Zeit später vor Ort war, den Absturzort abriegelte und das abgestürzte Objekt abtransportierte.

Die Schlussfolgerung hier ist, dass es sich um irdische Prototypen des US-Militärs handelte (oder in der Zeit nach Ende des 2ten Weltkrieges auch um exportierte deutsche Technologie). Das erklärt die kurze Zeitdauer zwischen Absturz und Erscheinen des Militärs. Man kannte die Flugbahn des Objektes und so konnte auch schnell reagiert werden.

Ebenfalls die Zeitspanne von 1947-1952 spricht dafür. Das war kurz nach dem 2ten Weltkrieg und die USA hatten eine Menge an Technologien erobert, wie die Horton H9 [8] (der erste Langstreckenbomber als „Nur-Flügler" mit dem Vorläufer der Stealth Eigenschaften, d.h. minimalisierte Radar-Reflektion), die Me 262 [9] (das erste zweistrahlige Düsenflugzeug), die Fieseler Fi 103 besser bekannt als V1 [10] sowie das Aggregat 4 besser bekannt als V2. [11]

Und es waren z.B. durch die *Operation Overcast* bzw. *Paperclip* [12] etwa 1.500 deutsche Ingenieure und Wissenschaftler in die USA gelangt. Man kann davon ausgehen, dass das amerikanische Militär damals einfach neue Prototypen getestet hat, die dann auch mal Bruchlandungen machten.

Die Wahrscheinlichkeit, dass es extraterrestrische Fluggeräte waren ist zwar klein, aber sie besteht. Eine Technologie, die es einer intelligenten Spezies erlaubt interstellare Reisen zu unternehmen, sollte so gebaut sein, dass sie möglichst fehlerfrei funktioniert. Aber nichts im Universum ist perfekt und so kann es auch hier, ab und zu, mal zu einem Absturz kommen.

Allerdings dürfte auch klar sein, dass Militär und Regierung wenig daran gelegen ist zuzugeben, dass sie Alientechnologien besitzen und alles tun werden, um es geheim zu halten.

Abstürze von UFOs lassen sich in zwei Klassen unterteilen:

a)   terrestrische Geräte
b)   extraterrestrische Geräte

2.3 - Fliegende Objekte (evtl. mit Lichterscheinungen)

In dieser Kategorie existieren die meisten Beobachtungen u.a. durch Piloten, Polizisten, Militär, also seriösen Beobachtern. Auch liegt in einer Reihe von Fällen eine gleichzeitige Erfassung durch Radar vor. Die fliegenden Objekte verfügen meistens über ein metallisches bzw. dunkles Aussehen. Die Größe der Objekte schwankt von schrankgroß über Autogröße bis hin zur Größe eines Flugzeugträgers oder noch größer.

Des Öfteren sind an den Flugkörpern intensive Lichtquellen vorhanden oder sie leuchten insgesamt, wobei die Farbe wechseln kann.

Exemplarisch ist hier die Sichtungswelle 1990 in Belgien [13] bei denen dreieckige Objekte mit Lichtern in den Ecken gesehen wurde, die auch durch Radar erfasst worden sind und es wurden zwei F16 Kampfjets hochgeschickt, um das Phänomen zu begutachten. [14]

Ein weiterer Fall ist der *Japan-Airlines-Flug 1628* im Jahre 1986, bei dem eine Boing 747 zuerst durch zwei rechteckförmige leuchtende Flugkörper begleitet wurde und danach etwa eine halbe Stunde lang durch ein flugzeugträgergroßes, dunkles kugelförmiges Objekt weiter begleitet wurde, welches ebenfalls vom Bodenradar erfasst worden ist. [15]

Interessant in dieser Kategorie sind hier die Flugbewegungen der beobachteten Objekte. Einige schweben in der Luft, ohne sich zu bewegen. Danach fliegen sie mit einer sehr hohen Beschleunigung weg oder vollführen einen zick-zack-Flug. In der Regel geschieht dies alles lautlos.

Die Hypothese ist, dass hier Gravitation technologisch handhabbar geworden ist. Die heutige offizielle Physik ist nicht in der Lage dies zu vollbringen. Die Beschleunigung bei z.B. zick-zack-Flügen wäre so groß, dass Menschen daran sterben würden. Wenn man von Robotersonden mal absieht, könnte eine Erklärung im Bereich der Anti-Gravitations-Technologie liegen.

Der lautlose Flug und das Fehlen eines Überschallknalles deuten auf eine eigene Raum-Zeit-Blase hin, in der sich das Objekt bewegt ohne mit der Außenwelt zu interagieren. Die auftretenden Lichterscheinungen oder auch Farbwechsel könnten dann elektromagnetische Feldeffekte des Antriebs sein.

2.4 - Flugkörper mit energetischen Phänomenen

Es wird des Öfteren von fliegenden Objekten berichtet, die nicht nur mit Leuchterscheinungen verbunden sind, sondern auch von Lichtkugeln, die sich von einem Trägerschiff ablösen und herum fliegen. Und es existieren Fälle in denen Lichtstäbe an schwebenden Flugkörpern erscheinen.

Weiterhin treten bei diesen Objekten oft noch Wechselwirkungen mit ihrer Umgebung auf. Elektrische bzw. elektronische und digitale Anlagen fallen aus.

Ein gutes Beispiel ist der *Teheran-Zwischenfall.* Am Morgen des 19. September 1976 wurde über Teheran (Iran) ein unbekanntes, hell leuchtendes Objekt gesichtet. Es wurde ebenfalls vom Radar erfasst. Zwei Kampfflugzeuge wurden nacheinander gestartet, um das Objekt abzufangen. Beide mussten jedoch nach Ausfällen der Bordsysteme umkehren. Beim zweiten Jet löste sich noch eine Lichtkugel vom Objekt und flog direkt auf den Jet zu, so dass dieser ausweichen musste. [16]

Die heutige offizielle Physik ist nicht in der Lage solche Objekte wie begrenzte Lichtstrahlen oder Energiekugeln zu erklären, geschweige denn zu erzeugen. Ebenfalls ist unsere derzeit angewandte Physik und unsere Technologie nicht in der Lage den Raum so zu verändern, dass keine Elektronen mehr fließen können.

Hypothetisch könnte hier eine technologisch kontrollierte Steuerung von Energiefeldern und Raum-Zeit-Veränderungen vorliegen.

2.5 - Rein energetische Phänomene

Bei den Sichtungen wird ebenfalls von fliegenden Objekten berichtet, die aus reiner Energie zu bestehen scheinen, meist kugelförmige Objekte. Manchmal lösen sich diese Energiekugeln von einem schwebenden Objekt, fliegen umher und kehren wieder zurück zum Trägerobjekt. Das Phänomen lässt sich als Sonden interpretieren, die eine Energieform benutzen, die wir noch nicht kennen.

Das beste Beispiel hier ist die sogenannte *UFO-Nacht von Brasilien*. [17] Am 19. März 1986 tauchten in der Nähe der Stadt São José dos Campos UFOs, in Form von grellen Lichtern auf, die die Farbe wechselten. Die Objekte waren auf dem Radar sichtbar und es wurden insgesamt fünf Kampfjets gestartet, um die Objekte abzufangen. Die Flugzeuge kamen bis auf Sichtweite an ein Objekt heran. Die Piloten beschreiben das Objekt als Energieball. Das Objekt vollführte zickzack-Flüge und entfernte sich dann mit hoher Geschwindigkeit.

Weiterhin können auch bei diesen Objekten oft noch Wechselwirkungen mit ihrer Umgebung auftreten. Elektrische bzw. elektronische und digitale Anlagen könnten z.B. ausfallen.

Eine hypothetische Erklärung ist, dass eine technologische Handhabung von Gravitation Energiefeldern und/oder Raum-Zeit-Veränderungen möglich ist.

Weitere Möglichkeiten wären noch Zeitsonden oder Zeitschiffe oder interdimensionale Sonden oder Fluggeräte.

2.6 - Direkte Begegnungen (mit Objekten oder Lebewesen)

Dann gibt es noch die Berichte von direkten Begegnungen mit a) Objekten oder auch b) Lebewesen, die man (seit Hynek) auch als *„Begegnungen der dritten Art"* bezeichnet.

a) Begegnungen mit Objekten (können wiederum – wie bei den Kategorien 2, 3 und 4 – unterteilt werden)

Bekannte Beispiele sind die beiden Vorfälle in Rendlesham Forest, in Großbritannien. [18]
Bei der ersten Begegnung tauchte ein etwa schrankgroßes, dreieckiges Objekt auf, das von Lichtern überzogen war und von einem Beobachter auch berührt wurde.
Beim zweiten Mal tauchten mehrere kleinere diskusförmige Objekte, mit Leuchterscheinungen, auf und eines davon näherte sich der Beobachtergruppe. Dann wurde so etwas wie ein "Lichtstrahl" freigesetzt. Nach der Begegnung gingen die Uhren der Beobachter anders. [19]

b) Begegnungen mit Lebewesen

Dabei existieren Fälle in denen eine „quasi Entführung" vorlag, mit anschließender medizinischen Untersuchung, die oft als schmerzhaft geschildert wird.
Während in den vorherigen vier Kategorien immer mehrere Beobachter vorhanden waren oder auch direkte Bestätigung durch Radarerfassung gegeben war, werden die Entführungsfälle in der Regel meist nur von einzelnen Personen geschildert. Daher muss man bei diesen Fällen eine gewisse Umsicht walten lassen. Eine Schlussfolgerung lässt sich daher erst mal nicht ziehen. Im weiteren Verlauf des Buches wird aber noch einmal Stellung dazu genommen.

2.7 - Schlussfolgerungen und Konsequenzen

Aus den beschriebenen fünf Kategorien lassen sich insgesamt folgende Arbeitshypothesen bilden:

1) Es existiert eine Physik, mit der Gravitation technologisch handhabbar ist.
2) Es existiert eine Physik, die eine technische Handhabung von Energiefeldern möglich macht.

3) Es existiert eine Physik, die eine technologische Handhabung von Raum-Zeit-Veränderungen zulässt.

Und daraus resultiert:

4) Es existiert eine Physik und eine daraus resultierende Technologie, mit der große Energiemengen in kompakten Reaktoren erzeugen werden können.
5) Es besteht noch die Möglichkeit, dass es sich bei einem Teil der energetischen Phänomene um Zeitschiffe, -Sonden oder -Tunnel handelt oder um interdimensionale Objekte.

Damit kann man folgende Hypothese aufstellen:

2.7.1 Axiom **Es existiert eine mehrdimensionale Physik, die eine technologische Handhabung von Gravitation, Energie und Raum-Zeit ermöglicht.**

Die direkte Konsequenz daraus ist:

2.7.2 Satz **Unsere heutige offizielle 4-dimensionale Physik ist unvollständig.**

Unterstützt wird dieses Axiom noch durch Entdeckungen der Physik bzw. Kosmologie, die in den letzten Jahren gemacht worden sind, nämlich der dunklen Materie und der dunklen Energie.
Dunkle Materie konnte man nachweisen, da sie Lichtstrahlen ablenkt. Die dunkle Energie ist quasi noch eine Hypothese, auf die man indirekt gekommen ist um die fortwährende Expansion unseres Universums erklären zu können.
Die sogenannten „dunklen Photonen" bilden ein Erklärungsmodell. Dabei handelt es sich um Photonen (das sind gequantelte „Energiepakete"), die außerhalb des sichtbaren Frequenzspektrums liegen (jenseits von IR und UV).
Bekanntermaßen gibt es noch „schwarze Löcher", [20] in deren Innerem unsere offizielle Physik bzw. die zugehörige Mathematik, zusammenbricht.
Da in unserem Universum etwa 100 Milliarden Galaxien existieren und sich in der Mitte jeder Galaxie wahrscheinlich ein schwarzes Loch befindet, existieren somit minimal 100 Milliarden Orte im Universum (freie schwarze Löcher nicht mitgezählt) an denen unsere offizielle Physik nicht funktioniert. Schon aufgrund dieser Fakten ist unsere offizielle Physik unvollständig.

2.8 - Science Fiction

Die benötigte neue Physik dürfte eine Art Quantensprung in unserem Erkenntnisgefüge darstellen. So wie die Einstein´sche Physik sich von der klassischen Physik Newton´s unterschied, so wird sich diese neue Physik zur heutigen Physik unterscheiden. Diese neue Physik wird Gravitation handhaben können und endlich in schwarze Löcher schauen können und herausfinden, was darin oder dahinter ist. Diese Physik wird das Rätsel der dunklen Materie und Energie lösen. Und sie wird die Quantenmechanik sowie die Einstein´sche Relativität hinter sich lassen und mit der Kosmologie zusammen die Synthese schaffen, die Einstein und auch Burkhard Heim als „einheitliche Feldgleichungen" bezeichnet haben.
Es wird sich zeigen, dass der Welle-Teilchen Dualismus, wie auch die Heisenberg´sche Unschärferelation nur durch die Beschränktheit der alten Modelle und Standpunkte entstehen und sie keine universellen Naturgesetze darstellen.
Es wird sich zeigen, dass die Gleichung von Einstein unvollständig ist, da dort ein Term fehlt. Es wird sich zeigen, dass eine negative Masse existiert (nicht die dunkle Materie), die einen neuen Ansatz der Quantenmechanik erlaubt und zu einer Theorie der Quantengravitation führen wird, die technologisch in Form von gravitationsneutraler Materie umsetzbar ist.
Es wird sich zeigen, dass der Raum genauso gequantelt ist wie die Energie und wir nicht nur in einem Raum leben, sondern uns in zwei Räumen bewegen, was den Welle-Teilchen-Dualismus erklären wird. [21]
Das Denken entsteht oft in alternativen bzw. mathematischen Modellen oder in Philosophien, wie z.B. die „Atomtheorie" auf Grund einer antiken griechischen Philosophie entstanden ist (Demokrit, Leukippos ca. 470 v.Ch.).
Von diesen alten Modellen, Theorien und Standpunkten darf man nicht auf universelle Naturgesetze schließen. Auch hier geht es nur um Wahrscheinlichkeiten, die erst einmal nur für unseren Planeten gelten, eventuell für unser Sonnensystem.
Theorien gelten immer nur solange, bis sie durch andere ersetzt werden, was in der heutigen Physik bisher etwa alle 50 - 100 Jahre der Fall war.
Die neue Physik wird uns wahrscheinlich ein Multiversum eröffnen in dem alle Vorgänge multidimensional sind und sie wird uns ein vollständigeres Verständnis der Raumzeit offenbaren. Das wird uns befähigen interstellar reisen zu können und sie wird uns helfen der Erkenntnis unseres Universums ein kleines Stück näher zu kommen.

3 – Zeitreisen

Die Einstein'sche Relativistik [1] bietet zwei Formen von Zeitreisen an.

Die **erste Form** der Zeitreise besteht in der Zeitdilatation, wie sie in der Nähe einer großen Masse, wie z.B. eines schwarzen Loches auftritt. Das hört sich zwar spannend an und wird auch von den Medien und Hollywood immer wieder aufgegriffen, praktisch bringt es aber enorme Schwierigkeiten mit sich.
Das größte Problem, welches sich hier ergibt, ist die Versorgung mit so viel Energie bzw. Antigravitation, dass das Zeitschiff der Spaghettisierung entgegen wirken kann. Da aber die aufzubringende Energie schließlich unendlich wird, ist diese Art der Zeitreise eine rein akademische Betrachtung und in unserer Physik ohne Chance, jemals real zu werden.
Der Begriff Spaghettisierung wurde 1988 von dem Physiker Stephen Hawking [2] geprägt, der in seinem Buch *„Eine kurze Geschichte der Zeit"* den fiktiven Flug eines Astronauten in ein Schwarzes Loch beschreibt. [3] Dabei wird er, durch die Gezeitenkräfte, wie eine Spaghetti in die Länge gezogen, denn die Anziehungskraft sinkt mit dem Quadrat des Abstands, und so werden seine Füße wesentlich stärker angezogen als sein Kopf.
Selbiges passiert auch bei freiem Fall auf der Erde, doch sind die Effekte hier so klein, dass sie nicht einmal messbar sind. Bei einem Schwarzen Loch, mit seiner enormen Gravitation, werden die zerreißenden Kräfte aber so ansteigen, dass einfallende Objekte letztlich sogar zerrissen werden. Für Menschen würde eine Reise in die Singularität – den unendlich dichten und heißen Punkt, in dem alle Masse des Schwarzen Lochs vereint ist – somit in jedem Fall tödlich verlaufen.

Die **zweite Form** der Zeitreise besteht darin, jemanden mit Lichtgeschwindigkeit fliegen zu lassen. Durch die Zeitdilatation [4] vergeht die Zeit im Raumschiff langsamer als z.B. am Abflugsort. Nach wenigen Wochen Flugzeit, das betrifft die Besatzung, kommen diese dann etliche Jahre in der Zukunft an (Zukunft, bezogen auf die Zeit am Abflugsort). Diese Art der Zeitreise könnte irgendwann einmal sogar Realität werden. Allerdings ist dies ein „One-Way Ticket". Ein Zurück gibt es dann nicht mehr.
Ein Rückflug würde den Zeitverlauf des ersten Fluges nicht umkehren und die Situation wäre so, dass die eigenen Kinder bereits im Alter der Großeltern, oder bereits verstorben, wären. Mit dieser Per-

spektive wäre der Abflugort vom „Heimatplaneten" nach der Rückkehr ein „fremder Planet".
Alle anderen Arten der Zeitreise, wie z.B. im Film *„Terminator"* dargestellt, sind noch nicht mal SF. Es ist reine Phantasie.
Nehmen wir z.B. das Großvater-Paradoxon. Jemand reise in die Vergangenheit und brächte seinen Großvater um. Da seine Eltern und er nicht gezeugt werden, kann er folglich nicht existieren, um seinen Großvater erschießen zu können. [5]
Solche Paradoxa zeigen nur eines auf: Die Grenzen unserer Gedankengebäude. Man kann davon ausgehen, dass die Natur so aufgebaut ist, dass Paradoxa gar nicht erst entstehen. Wir erzeugen mit unseren Gedanken solche Paradoxa, die allerdings nur darauf hinweisen, dass wir eine Sache, in diesem Fall die Zeit, noch nicht richtig verstanden haben bzw. unsere Modelle unvollständig sind.

Die Annahme des Großvater-Paradoxons besteht darin, man kehre auf derselben Zeitlinie in die Vergangenheit zurück.
Diese Annahme kann aber nicht richtig sein, denn in dem Moment in dem der Reisende in der Vergangenheit auftaucht, entsteht eine Situation, die in seiner ursprünglichen Vergangenheit nicht vorhanden war und ist.
Der Realitätsrahmen wird hier derart verändert, das damit eine neue Zeitlinie erschaffen wird, mit meiner Existenz als Zeitreisender.
In dieser neuen Zeitlinie kann ich meinen Großvater zwar töten, das hätte aber keine Auswirkungen auf die ursprüngliche Zeitlinie. Wenn ich also in die Gegenwart zurückkehre, so hat sich nichts verändert. Außer das jetzt eine Zeitlinie mehr existiert.
Man kann daher die Existenz und die Umstände des eigenen Zeitrahmens nicht rückwirkend ändern, was ja Gegenstand von SF-Filmen wie *„Terminator"*, *„Time-Cop"* oder *„Zurück in die Zukunft"* gewesen ist.

An dieser Stelle lässt sich das Fermi-Paradoxon (siehe dazu Teil 3 Kapitel 4, Seite 191) auf die Thematik Zeitreisen anwenden. Ich stelle daher folgende Behauptung auf:
Wenn es in Zukunft Zeitreisen geben würde, dann hätte uns schon jemand aus der Zukunft besucht. Dies ist bisher aber nicht geschehen. Daraus kann geschlossen werden, dass Zeitreisen, so wie wir sie uns vorstellen, nicht existieren.
Zeitreisen mittels Maschinen und Fluggeräte existieren so eben nicht, d.h. wenn Zeitreise möglich wären, dann nur mit der Konstruktion eines Energietunnels oder Wurmlochs.

Wurmlöcher sind theoretische Gebilde, die sich aus speziellen Lösungen (*Kruskal-Lösungen*) [6] der Feldgleichungen der allgemeinen Relativitätstheorie [7] [8] ergeben.

Erstmals wurden sie im Jahre 1935 von Albert Einstein [9] und Nathan Rosen [10] beschrieben und deshalb ursprünglich **Einstein-Rosen-Brücke** [11] genannt.

Der Name **Wurmloch** stammt von der Analogie mit einem Wurm, der sich durch einen Apfel hindurchfrisst. Er verbindet damit zwei Seiten desselben Raumes (der Oberfläche) durch einen Tunnel. Das beschreibt anschaulich die besondere Eigenschaft der „*Kruskal-Lösungen*", da diese zwei Orte im Universum miteinander verbinden. Bislang gibt es keine experimentellen Beweise für Wurmlöcher.

Wheeler und Fuller zeigten 1962 sogar, dass Wurmlöcher in der Allgemeinen Relativitätstheorie instabil sind. [12]

Beispiele für Energietunnel könnten die sogenannten *Marfa-Lichter* [13] sein, sowie ebenfalls die *Brown Mountain-Lichter* [14] und die *Hessdalen-Lichter*. [15]

Sie werden hauptsächlich als kugelförmig und sehr hell leuchtend, in unterschiedlicher Größe, beschrieben. Ihre Lichtfarben reichen von Weiß über Gelblich bis Orange und Rötlich, in einigen Fällen von Grün bis Blau. Oft stehen sie regungslos dicht über dem Boden oder schweben hoch in der Luft.

Durch solche Tunnel kann man zwar beobachten, aber nicht eingreifen. Großvater ist also sicher und ich kann unbehelligt weiter leben.

Durch solche Zeittunnel ließe sich aber klären ob die Ägypter beim Bau der Cheopspyramide gerade oder verwinkelte Rampen benutzt haben, ob Jesus tatsächlich von den Toten auferstanden ist, ob Hitler tatsächlich verbrannt worden ist oder wie viele Schützen es beim Kennedy-Mord tatsächlich gegeben hat.

Für diese Tunnel kommen (heute) nur rein energetische Phänomene in Betracht. Daher ist der **Großteil der UFOs** eben das, als was sie erscheinen – nämlich einfach **Fluggeräte**.

Hinweis:

Wenn man sich mit Themen wie Zeitdilatation, Lichtgeschwindigkeit, Wurmlöcher und Zeitreisen beschäftigt, stößt man, über kurz oder lang, auf das „*Montauk-Projekt*".

Da dieses Projekt die Thematik dieses Buches nur berührt bzw. auch überschreitet, wird das „*Montauk-Projekt*" hier nicht behandelt.

4 – Woher?

4.1 - Terrestrisch oder extraterrestrisch?

Wir haben bisher gesehen, dass die gesichteten fliegenden Objekte über erstaunliche Fähigkeiten verfügen, die unsere derzeit gültige Physik und angewendeten Technologien bei weitem übersteigen.

Die Frage, die sich hier erhebt ist:

Woher stammen diese Flugkörper?

Es existieren 2 Möglichkeiten:

1) die Phänomene sind irdischen Ursprungs
2) die Phänomene sind außerirdischen Ursprungs

Die beiden Möglichkeiten schließen sich gegenseitig nicht aus. Es muss sogar in Erwägung gezogen werden, dass beide Möglichkeiten wahr sind. Daher wird die Aussage etwas spezifiziert:

4.1.1 Axiom

1) **ein Teil der UFO-Phänomene ist irdischen Ursprungs**
2) **und ein Teil der UFO-Phänomene ist außerirdischen Ursprungs**

Schlussfolgerungen:
Zu 1) Es existiert eine Physik und daraus resultierende Technologie, die von Regierungen und Militärs großer Nationen geheim gehalten werden. Kandidaten dafür wären heute wohl die USA, die Russische Förderation und die VR China.
Man kann davon ausgehen, dass solche Technologien durch die jeweilige Regierungen und das Militär nicht der Öffentlichkeit bekannt gemacht werden. Denn das hätte direkte wirtschaftliche Auswirkungen auf die Schiff- und Luftfahrt und die Automobilindustrie, im Prinzip auf das gesamte Personen- und Güterverkehrswesen, wenn man z.B. an eine Antigravitationstechnologie denkt.
Weiterhin bräuchte man dazu noch eine extrem kompakte Energiequelle, die trotz Miniaturisierung, große Energiemengen liefern kann. Eine solche Maschine würde die gesamte Energieversorgung revolutionieren.
Zu 2) Es existiert eine Physik und daraus resultierende Technologie, welche die Außerirdischen von ihren Sternsystemen bis zu unserem

Planeten gebracht hat.
Aus 1) und 2) ergibt sich in der Konsequenz:

4.1.2 Axiom   **Es existiert eine Physik und daraus resultierende Technologien, die interstellare Reisen in kurzen Zeiträumen zulässt.**

Daraus ergeben sich folgende physikalische Konsequenzen:

4.1.3 Satz   **Die Lichtgeschwindigkeit ist nicht die oberste absolute Geschwindigkeit. (Allenfalls in einem vier dimensionalem Raum-Zeit-Gefüge.)**

4.1.4 Satz   **Es existieren mehr Dimensionen, als die bekanten 4, der Raum-Zeit.**

4.1.5 Satz   **Unser Raum-Zeit Verständnis und die entsprechenden Feldgleichungen sind unvollständig.**

Ansätze für eine mehrdimensionale Physik hat es bereits mehrfach gegeben. Ein Beispiel ist die 12-dimensionale Physik die Burkhard Heim [1] entwickelt hat. [2] Ein weiteres Beispiel ist die heute populäre String-Theorie, die mit 11 Dimensionen arbeitet. [3]

4.2 - Weitere Indizien durch Whistleblower

Wie schon im Kapitel 1 erwähnt, hat die Regierung der USA seit dem *Condon Report* im Jahr 1969 offiziell keine weiteren Untersuchungen des UFO-Phänomens mehr durchgeführt und auch sonst keinerlei Interesse mehr an dem Thema gezeigt. Es existieren allerdings Indizien dafür, dass dieses Desinteresse nur scheinbar ist.
Zum Glück gibt es unter den Augenzeugen eine ganz besondere Gruppe, die sogenannten *„Whistleblower"*. Das sind Personen die wichtige Informationen für die Allgemeinheit, aus einem geheimen oder geschützten Zusammenhang, an die Öffentlichkeit bringen. In diesem Fall meistens Menschen die jahrelang, als Offiziere, Wissenschaftler, Wachpersonal oder Unternehmer beim oder für das Militär gearbeitet haben.
Whistleblower stellen inzwischen eine tragende Säule des investigativen Journalismus dar. Aktuellstes Beispiel bietet die Aufdeckung der Hintergründe zu Briefkasten-Firmen (Panama-Papiere) in Panama zur Vertuschung von steuerpflichtigen Einnahmen.

Einer der bekanntesten Whistleblower ist wohl Edward Snowden, [4] dem die Autoren Respekt zollen, da er für die Offenlegung der Wahrheit sogar sein Leben riskiert hat. Außerdem sind die Aktivitäten von *WIKILEAKS* [5] zu nennen und die Aufdeckung der Täuschung der Öffentlichkeit über den Vietnam-Krieg, 1971 durch Daniel Ellsberg. [6] US-Präsident Nixon musste 1974 wegen der *„Watergate-Affäre"* zurück treten: Die maßgelbliche Information lieferte Whistleblower Mark Felt. [7]

Whistleblower steht im deutschen Sprachraum für „Enthüller", „Skandalaufdecker", „Hinweisgeber." Wo genau der Begriff nun herkommt ist nicht eindeutig. Das im deutschen übliche „Jemanden verpfeifen" könnte damit in Zusammenhang stehen.

Seit 1999 wird in Deutschland alle zwei Jahre ein Internationaler „Whistleblower"-Preis vergeben. Der Preis wurde von der *Vereinigung Deutscher Wissenschaftler* (VDW) und der Deutschen Sektion der *International Association of Lawyers against Nuclear Arms* (IALANA) gestiftet. Auch *Transparency International* beteiligt sich an der Preisvergabe. Der Preis soll die Öffentlichkeit für das Whistleblowing sensibilisieren und die – häufig von Entlassung und Maßregelungen betroffenen oder bedrohten – Preisträger unterstützen. [8]

Diese Hintergründe führen daher insgesamt zu der Annahme, dass Whistleblower an sich die Wahrheit aufdecken wollen und an ihren Angaben (auch wenn sie manchmal kaum glaubwürdig klingen) im Großen und Ganzen nicht zu zweifeln ist.

Der ehemalige führende Lockheed-Wissenschaftler **Boyd Bushman** verstarb am 7. August 2014. Kurz vor seinem Tod berichtete er, mittels Video auf YouTube, über seine persönlichen Erfahrungen mit UFOs und Außerirdischen. Er behauptete, bis zu 200 Jahre alte Außerirdische seien nicht nur eine Realität, sondern hätten auch wiederholt die Erde besucht. Dabei übergab er den Anwesenden auch Bildmaterial, um seine Behauptung zu untermauern.

Weiterhin gab er an, dass eine Alien-Rasse, die 68 Lichtjahre entfernt leben würde, nur 35 Minuten bräuchte, um bis zur Erde zu gelangen. Das entspricht einer Reisegeschwindigkeit von 1 millionenfacher Lichtgeschwindigkeit.

Bushman gab noch weitere Einzelheiten an, im Zusammenhang mit Außerirdischen, Ufos und Anti-Schwerkraft-Technologien. [9] Seinen

Worten zufolge arbeiten amerikanische, russische und chinesische Wissenschaftler zusammen und zwar im Bereich der Area 51, [10] einer Einrichtung des amerikanischen Militärs und der CIA.
Die Firma Lockheed samt ihrer Entwicklungsabteilung Skunkworks bauten u.a. das Spionageflugzeug U2, den SR71 Blackbird, weiterhin den Tarnkappenbomber F117 und den Raptor F22.

Dr. Ben Rich, [11] Direktor von Lockheed Skunkworks und Autor des Buches *„Skunk Works: A Personal Memoir of My Years of Lockheed"* [12] gab, kurz vor seinem Tod, im Januar 1995 sogar zweimal bekannt, dass Außerirdische und UFOs real seien.

„Wir haben bereits die Technologie um ET nach Hause zu bringen. Nein, es braucht kein ganzes Menschenleben um das zu tun. Es gibt da einen Fehler in den Gleichungen und wir wissen, wo er liegt. Wir haben inzwischen die Fähigkeit zu den Sternen zu reisen".

„Wir haben bereits alles was wir brauchen um zu den Sternen zu reisen, aber diese Technologien sind in sogenannten „black projects" verschlossen und es würde einen Eingriff Gottes benötigen, um diese zum Wohl der Menschheit einsetzen zu dürfen. Was auch immer sie sich vorstellen können, wir wissen, wie man es verwirklicht." [13]

Bemerkenswert an dieser Stelle sind noch die Fälle der Whistleblower Bob Lazar, Clifford Stone, Robert Dean und William Cooper, die alle eine Zeit lang für das amerikanische Militär arbeiteten.

Robert „Bob" Scott Lazar [14] ist ein US-amerikanischer Physiker der, hauptsächlich auf Grund seiner Äußerungen zu UFOs, seit November 1989 mediales Interesse erregt hat und auch eine eigene Webseite betreibt. [15]
Lazar behauptet, er habe im Zeitraum von 1988 bis 1989 an einem Projekt am Papoose Lake, in der Nähe des Groom Lake (Nevada), gearbeitet. Seinen Angaben zufolge, war er dort als Physiker im geheimen militärischen Bereich S-4 u.a. mit dem Studium

von außerirdischen Fluggeräten beschäftigt.

Ferner berichtet Lazar, dass der Antrieb eines solchen Raumschiffes auf mehreren Prinzipien basiert:

Das Element 115 (Ununpentium) befindet sich im Kern des Reaktors und wird dort mit Protonen beschossen. Es wandelt sich dadurch in das noch schwerere Element 116 (Livermorium) um. Dabei soll Antimaterie entstehen, die mit normaler Materie zusammentrifft und dabei große Energiemengen freisetzt.

Diese Energie soll u.a. eine Gravitationswelle erzeugen, so dass das Raumschiff sein eigenes Gravitationsfeld erzeugt. Der Reaktor soll nahezu verlustfrei arbeiten, da entstehende Wärme fast vollständig in elektrische Energie umgewandelt wird.

Nach Lazar ist das Element 115 ultraschwer. Bereits 223 g sollen ausreichen, um ein Raumschiff etwa 20 bis 30 Jahre lang betreiben zu können.

In einem anderen Interview behauptete er, dass das Element 115 auf der Erde nicht in natürlicher Form vorkommen würde, aber anderswo im Universum in natürlicher Form existieren kann.

Lazar behauptet in der Einrichtung S-4 würden mehrere hundert Kilogramm von Ununpentium gelagert.

Als Bob Lazar 1989 zum ersten Mal öffentlich auftrat, war das Element Ununpentium noch unbekannt. Daher führten die Angaben von Lazar zum Element 115 bezüglich Existenz und Eigenschaften zuerst, von Seiten der Wissenschaft, zu heftiger Kritik. Es wurde u.a. aufgeführt, dass die von Lazar vertretenen physikalischen Ansichten eine handvoll allgemein anerkannter physikalischer Theorien verletzen würde.

Erst im Jahre 2004 wurde das Element 115, also Ununpentium, auf der Erde erstmals künstlich hergestellt. Es erfolgten nochmals Versuche 2006 und 2013, bei denen Ununpentium hergestellt werden konnte. Am 30. Dezember 2015 wurde die Entdeckung des Elementes von der IUPAC offiziell anerkannt, also erst 26 Jahre später. [16]

Damit dürfte Bob Lazar rehabilitiert sein und man sollte auch seine anderen Schilderungen ernst nehmen.

Clifford Stone [17] veröffentlicht seine Erlebnisse seit 1997 in Büchern wie *„Ufos Are Real"* [18] und auch in Interviews. Sergeant Clifford Stone verfügt anscheinend über langjährige UFO-Erfahrungen bei der USAF.

Er soll 22 Jahre lang in Top-Secret UFO-Fälle involviert gewesen sein, soll bei mindestens 12 UFO-Bergungen als Zeuge vor Ort dabei gewesen sein und soll zahlreiche extraterrestrische

Wesen getroffen haben. [19]

In einem Interview 2006 mit Kerry Cassidy und Bill Ryan [20] gibt er an, als *Kommunikator* bzw. *Interfacer* – also als Verständigungsperson, eine Art Übersetzer und Dolmetscher – für Außerirdische gedient zu haben. Er kommunizierte mit den Außerirdischen, die bei Crash-Landungen überlebt hatten und von der USAF in Gewahrsam genommen wurden. Die Kommunikation soll dabei mehr auf einer empathisch, telepathischen Ebene stattgefunden haben, in der nicht gelogen werden kann.

Er gibt dabei an, dass die USAF (United States Air Force) bis dahin etwa 57 außerirdische Spezies identifiziert hat.

In dem Interview behauptet er ebenfalls, eine Spezies die 100 Lichtjahre entfernt wäre, benötige 100 Minuten, um zur Erde zu gelangen. Das entspricht in etwa der 500.000-fachen Lichtgeschwindigkeit als Reisegeschwindigkeit und deutet auf einen Antrieb hin, dem eine Raum-Zeit-Verzerrung zugrunde liegt. Wobei Clifford Stone von einer Art Wurmloch-Technik spricht, die dabei wirksam sein soll.

Clifford Stone macht in dem Interview auch Angaben über Zeitreisen. Diese sollen zwar theoretisch möglich aber praktisch sinnlos sein, da eine natürliche Barriere bestehen würde, so dass man der Realität des eigenen Zeitkontinuums, indem man sich befindet, nicht entkommen kann.

Für die Zeitreisen, die wir in der Zukunft entdecken werden, werden wir keinerlei Beweise mehr auf unserer Zeitlinie finden, da durch diese Ereignisse veränderte Zeitlinien erzeugt worden sind.

Bei Rückkehr von der Zeitreise würde man wieder in der Realität des alten unveränderten Zeitkontinuums landen.

Robert Orel Dean blickt auf eine 28-jährige Karriere bei der US-Armee als Command Sergeant Major zurück. Er tritt seit 1996 bis heute, als Ufologist, in Rundfunkprogrammen, Fernsehdokumentationen, bei Konferenzen und auch per Video bei YouTube [21] auf.

Er behauptet die Regierung vertusche das Thema UFOs, Außerirdische und ihre Besuche auf der Erde und arbeite mit einem Black Budget von 1,25 Billionen Dollar pro Jahr, um geheime Projekte zu finanzieren. [22]

Milton William Cooper [23] war als US Naval Intelligence Officer für den Geheimdienst der Marine tätig. Bekannt wurde er als Autor von verschiedenen Büchern. [24] Er war einer der ersten, der die US-Regierung als Scheinregierung bezeichnete.

Seit 1988 behauptete Cooper öffentlich, er verfüge über Dokumente, welche die Anwesenheit von Außerirdischen auf der Erde beweisen würden und die Verschwörung, mit der die amerikanische Regierung dies vertusche. Cooper wurde im November 2001 bei einer Schiesserei mit der Polizei getötet.

Interessant sind in diesem Zusammenhang noch die drei Fälle von Phil Schneider, Thomas Castello und Mark Richards. Alle drei behaupten in unterirdischen Basen von Außerirdischen, hier auf der Erde, gewesen zu sein.

Phil Schneider war ein geologischer Ingenieur und auch Architekt für Anwendungen im Bereich des Militärs, sowie der Luftfahrt und soll beim Bau von Untergrundbasen mitgewirkt haben. Er schildert seine Erlebnisse seit Mitte der 90er Jahre öffentlich.

Laut Phil Schneider existiert ein komplettes Netzwerk von Untergrundbasen in den USA, die zum Teil ganze Städte bilden würden. Diese Basen wären durch eine Reihe von Untergrundbahnen verbunden, auf denen Hochgeschwindigkeitszüge verkehren würden.

Im Jahre 1979 war Phil Schneider an einer Baumaßnahme in der Wüste bei Dulce, New Mexico, beteiligt. Zusätzlich zu der, 1940 in Betrieb genommenen Hauptbasis, sollte eine Hilfsbasis entstehen. Dort traf er auf Außerirdische und es soll zu einem Schusswechsel gekommen sein, bei dem er, durch eine Partikelwaffe, verstrahlt wurde und von da an Krebs hatte.

Phil Schneider veröffentlicht seine Erlebnisse auf YouTube. [25] [26] Er verstarb am 17. Januar 1996 unter ungeklärten Umständen.

Thomas Edwin Castello arbeitete sieben Jahre in der Rand Corporation California und soll dabei einer der Sicherheitsdienste in der Dulce-Basis gewesen sein. Castello hatte Kenntnis von sieben Etagen, auf den unteren drei Etagen sah er Außerirdische. Auch Thomas Castello gibt seine Erlebnisse auf YouTube [27] wieder. Castello verschwand unter seltsamen Umständen und soll heutzutage anonym in Europa leben.

Captain **Mark Richards** ist ein weiterer Whistleblower, der auf Area 51 gearbeitet haben soll. Außerdem soll er sehr aktiv in einem geheimen Weltraumprojekt mitgearbeitet haben. Auch er bestätigt direkte Kontakte mit Aliens und gibt genaue Auskünfte über verschiedene Alienrassen und ihr Interesse an der Erde. Mark Richards und sein Vater waren beide beteiligt an den Dulce-Kämpfen, von denen auch Phil Schneider berichtete. [28] Die Dulce-Basis soll eine geheime unterirdische Einrichtung von Außerirdischen sein, sie sich unter der Archuleta Mesa an der Colorado-New Mexiko Grenze befindet, in der Näher der Stadt Dulce, New Mexico in den USA. [29]

Erwähnenswert ist hier noch der Fall des **Dan Burisch**. Er behauptet für das Majestic-12 Komitee gearbeitet zu haben und als Mikrobiologe zeitweise auf Area 51 und der nahen S-4 tätig gewesen zu sein. Burisch befreundete sich mit einem Außerirdischen an, der *J-Rod* genannt wurde und einen UFO-Absturz überlebt haben soll.

J-Rod war im unterirdischen Teil des Area 51-Komplexes zur „Betreuung" untergebracht worden und soll an einer Krankheit gelitten haben, die Dan Burisch untersuchen sollte. Burisch schildert seine Erlebnisse auf You-Tube. [30]

Inzwischen gibt es auch eine Reihe von Astronauten, Kosmonauten, Testpiloten und Politikern die sich der Thematik UFOs und außerirdische Intelligenzen stellen und über ihre Erfahrungen und Meinungen berichten.

4.3 - Astronauten, Kosmonauten, Testpiloten

Edgar Dean „Ed" Mitchell [31] (*17.September 1930 - †4.Februar 2016) war ein amerikanischer Astronaut. Mitchell war 1971 der Pilot der Landefähre von Apollo 14, dem dritten erfolgreichen bemannten Mondlandeunternehmen. Dabei führte er zwei Ausstiege mit über neun Stunden Gesamtdauer aus. Er war der sechste Mensch, der den Mond betrat. Im Oktober 1972 schied er bei der NASA aus und gründete eine eigene Firma, die Edgar Mitchell Corporation. [32] Wiederholt äußerte Mitchell sich auch zum UFO-Phänomen und vertrat dabei die Außerirdischen-Hypothese. Edgar Mitchell vertrat die Ansicht, es sei bereits mehrfach zu Kontakten mit extraterrestrischen Spezies und Menschen gekommen, jedoch würde dies aus vielerlei Gründen von Regierungen einer Geheimhaltung unterworfen. Als Quelle für sein Wissen nannte Mitchell keine Namen, sondern sprach nur von Kontakten, die er aufgrund seiner Astronautenlaufbahn in Militärkreisen sowie wegen seiner Herkunft aus Roswell gehabt habe.

James Alton McDivitt (*10.Juni 1929) ist ein ehemaliger US-amerikanischer Astronaut. Am 27. Juli 1964 wurde McDivitt als Kommandant für Gemini 4, den zweiten bemannten Gemini-Flug, nominiert. Der Flug von Gemini 4 fand vom 3. Juni bis zum 7. Juni 1965 statt und war der erste mehrtägige Gemini-Flug. Hierbei unternahm McDivitts Kopilot Ed White den ersten amerikanischen Weltraumausstieg. [33]

Vom 3. März bis zum 13. März 1969 erprobten McDivitt und seine Mannschaft das Apollo 9 Raumschiff und die Mondlandefähre in der Erdumlaufbahn. Dabei stiegen McDivitt und Schweickart als erste Menschen durch einen Tunnel von einem Raumfahrzeug in ein anderes. McDivitt schied zum 1. Januar 1972 aus der NASA und zum 1. Juni 1972 aus der US-Luftwaffe aus.

Am zweiten Tag des Gemini-Fluges in dem Zwillings-Raumschiff, über Hawaii sah McDivitt, während White schlief, zufällig ein unbekanntes Flugobjekt, das er als *„wie eine Bierdose oder eine Popdose aussehend"* beschrieb, und mit einem kleinen Ding wie vielleicht einem Bleistift oder etwas, dass daran klebt. McDivitt machte Fotos mit einer Filmkamera. Diese Bilder wurden nie veröffentlicht. Gordon Cooper schrieb in seinen Memoiren, dass es soweit er weiß, der einzige offiziell gemeldete Bericht über ein UFO in einer der Mercury- oder Gemini- und Apollo-Missionen ist. [34] [35] [36]

James Arthur „Jim" Lovell, Jr. (*25.März 1928) [37] ist ein ehemaliger US-amerikanischer NASA-Astronaut. Er war an den Missionen Gemini 7 (1965), Gemini 12 (1966) und Apollo 8 (1968) beteiligt. 1970 war er Kommandant des Raumflugs Apollo 13, der wegen einer Explosion auf dem Weg zum Mond abgebrochen werden musste. Lovell verließ die NASA und die Marine zum 1. März 1973.

Frank Frederick Borman, II (*14.März 1928) [38] ist ein ehemaliger amerikanischer Astronaut. Er war an den Missionen Gemini 7 (1965) und Apollo 8 (1968) beteiligt. Am 1. Juli 1970 schied Frank Borman bei der NASA aus.

Im Dezember 1965 sahen die Gemini-Astronauten James Lovell und Frank Borman bei der zweiten Umkreisung während des 14tägigen Fluges ebenfalls ein UFO. Borman berichtete, dass er ein unidentifiziertes Fluggerät sah, in einiger Distanz von ihrer Kapsel entfernt. Gemini Control, in Kap Kennedy, erzählte ihm, dass er die letzte Stufe ihrer eigenen Titan-Trägerrakete sehe. Borman bestätigte, dass er die Trägerrakete wohl sehen könne, dass er aber auch etwas vollkommen anderes sehen könne. [34] [35] [36]

Neil Alden Armstrong (*5.August - †25.August 2012) [39] war ein US-amerikanischer Testpilot und Astronaut. Er war an den Missionen Gemini 8 (1966) und Apollo 11 (1969) beteiligt. Er war Kommandant von Apollo 11, die mit Buzz Aldrin und Michael Collins zum Mond flog. Am 21. Juli 1969 betrat er als erster Mensch den Mond.

Buzz Aldrin (* 20. Januar 1930) ist ein ehemaliger US-amerikanischer Astronaut. [40] Er war an den Missionen Gemini 12 (1966) und Apollo 11 (1969) beteiligt. Aldrin betrat im Rahmen der Apollo 11 Mission kurz nach Neil Armstrong als zweiter Mensch den Mond.

Dr. Vladimir Azhazha, einem namhaften russischen Ufologen zufolge, sandte Neil Armstrong die Nachricht, dass zwei große, mysteriöse Objekte sie beobachteten, seit sie gelandet waren, zur

Mission Control. Diese Meldung aber wurde von der NASA zensiert und nie veröffentlicht. Angeblich sollen auch Farb-Video-Aufnahmen existieren, die Edwin Aldrin von den UFOs machte, nach dem Neil Armstrong den Mond betrat. Armstrong bestätigte, dass die Geschichte wahr ist, weigerte sich jedoch, weiter ins Detail zu gehen, und gab nicht zu, dass die CIA hinter der Vertuschung steckte.

1979 bestätigte **Maurice Chatelain**, [34] [35] ehemaliger Chef von NASA Communications Systems, dass Armstrong tatsächlich berichtet hatte, zwei UFOs am Rand eines Kraters gesehen zu haben.

Ein Professor brachte es auf einem NASA-Symposium zu dieser Konversation mit Neil Armstrong:

Professor: *„Was geschah wirklich da draußen mit Apollo 11 ?"*

Armstrong: *„Es war unglaublich, natürlich hatten wir immer von der Möglichkeit gewusst, aber es ist so, dass wir von den Außerirdischen abgewiesen wurden. Danach gab es nie mehr die Frage nach einer Raumstation oder einer Mondstadt."*

Professor: *„Wie meinen Sie das, >abgewiesen<?"*

Armstrong: *„Ich kann nicht weiter in Details gehen, außer dass ich sagen kann, dass ihre Schiffe den unseren sowohl in Größe als auch in der Technologie weit überlegen waren. Junge, waren die groß und bedrohlich! Nein, es gab keine Frage nach einer Raumstation."*

Professor: *„Aber die NASA hatte noch weitere Missionen nach Apollo 11 ?"*

Armstrong: *„Natürlich, die NASA hatte sich zu der Zeit festgelegt und konnten keine Panik auf der Erde riskieren."* [34] [35] [36]

Robert Michael „Bob" White [41] (*6.Juli 1924 – †17.März 2010) war ein amerikanischer Elektroingenieur, Testpilot und Astronaut. Er war einer von zwölf Piloten die die X-15 flogen, einem experimentellen Flugzeug, das von der Air Force und de NASA konzipiert wurde. Während eines 58 Meilen hohen Fluges mit einer X-15 am 17. Juli 1962 berichtete Major Robert White, ein UFO gesehen zu haben. Er berichtete: *„Ich habe keine Ahnung, was das gewesen sein soll. Das Objekt war gräulich und etwa 30 bis 40 Fuß entfernt."* [34] [35] [36]

Joseph Albert „Joe" Walker [42] (*20.Februar 1921 - †8.Juni 1966) war ein US-amerikanischer Testpilot, unter anderen auch die Experimentalflugzeuge X-1 und X15.
Als NASA-Pilot hatte Walker die Aufgabe, während seines 50-Meilen hohen Rekordfluges mit einer X-

15 am 11. Mai 1962 auch nach UFOs Ausschau zu halten. Während dieses Fluges filmte er fünf oder sechs UFOs. Es war das zweite mal, dass während eines Fluges UFOs gefilmt wurden. Während eines Vortrages der Second National Conference on the Peaceful Uses of Space Research in Seattle im US-Bundesstaat Washington sagte Walker: *„Ich möchte nicht gerne über sie spekulieren, doch alles was ich weiß ist, dass sie auf dem Film erschienen sind nach dem er entwickelt wurde."* Der Film wurde bis heute nicht für die Öffentlichkeit freigegeben. [34] [35]

Donald Kent „Deke" Slayton [43] (*1.März - †13. Juni 1993) war ein US-amerikanischer Astronaut. Er gehörte zur ersten Astronautengruppe, die 1959 ausgewählt wurde. Seinen ersten und einzigen Raumflug machte er jedoch erst 1975 im Rahmen des Apollo-Sojus-Test-Projektes (ASTP). In einem Interview offenbarte er, dass er im Jahre 1951 ein UFO gesehen haben will. *„Ich testete gerade in Minneapolis einen P 51-Kampfjet als ich das Objekt entdeckte. Es war an einem schönen, hellen und sonnigen Nachmittag in etwa 10.000 Fuß Flughöhe. Ich dachte zunächst an einen Flugdrachen, den jemand hat steigen lassen. Doch dann besann ich mich, dass ein Drache ja niemals in diese Höhen steigen würde. Als ich dann näher kam, sah es aus wie ein grauer Wetterballon mit etwa 3 Fuß im Durchmesser. Aber sobald ich dicht hinter dem Ding war, sah es auch nicht mehr nach einem Wetterballon aus, sondern nach einer platten Untertasse. Ich war mit etwa 300 Meilen pro Stunde unterwegs, doch das Ding flog einige Zeit vor mir her, bevor es beschleunigte und in einem Winkel von 45 Grad steil nach oben schoss und verschwand."* [34] [35]

Auch aus der ehemaligen Sowjetunion existieren Berichte von UFOs und ungewöhnlichen Sichtungen von Kosmonauten.

Wladimir Wassiljewitsch Kowaljonok [44] (*3. März 1942) ist ein ehemaliger sowjetischer Kosmonaut. Er war an den Missionen Sojus 25 (1977), Sojus 29/Sojus 31 (1978), Saljut 6 EO-2, Saljut 6 EO-6 und Sojus T-4 (1981) beteiligt. Kowaljonok ist heute Präsident der russischen Astronauten-Vereinigung.
Kowaljonok war von 1977 bis 1982 im All beschäftigt und er sah laut eigenen Aussagen Dinge, welche seine Kollegen heute noch hartnäckig

verschweigen: *„Ich verstehe die anderen Astronauten nicht, wenn sie behaupten, im Orbit nichts Außergewöhnliches gesehen zu haben."* Kowaljonok sagt, es waren jedes Mal bizarre Objekte, weil sie jedes mal anders aussahen.

„Ich erinnere mich an einen Vorfall aus dem Jahre (5. Mai) 1981. Das Objekt war ziemlich klein. Als ich es sah, rief ich meinen Kollegen **Viktor Savinykh**. [45] *Er schnappte sich seine Kamera. Doch im Moment, als er das UFO fotografieren wollte, sprengte es sich in die Luft. „Eine Rauchfahne stieg auf – das war's.* Wir verständigten sofort die Bodenstation. *Wir wissen nicht was an diesem Tag passiert ist, aber es war keine Einbildung".* Zurück auf der Erde wurde Kowaljonok berichtet, dass an dem Tag, an dem er das Objekt beobachtete, eine erhöhte Strahlungsemission registriert wurde. [46]

Pawel Romanowitsch Popowitsch (*5.Oktober 1930 - †29.September 2009) [47] war ein sowjetischer Kosmonaut, der am ersten Gruppenflug im Weltall teilnahm. Er war der erste ukrainische Kosmonaut. Popowitsch war an den Missionen Wostok 4 (1962) und Sojus 14 (1974) beteiligt. Popowitschs UFO-Sichtung im Jahr 1978 gehörte zu den größten Geheimnissen der Sowjetunion. 2002 wurde seine Schilderung als Video auf einem UFO-Kongress gezeigt und 2003 in der russischen Zeitung „Komsomolskaja Prawda" zitiert. [48] In diesem Zusammenhang wird auch ein sogenannter *„Blaue Ordner"* des KGB erwähnt. Die Akte listet auf 124 Seiten sowjetische UFO-Sichtungen der Jahre 1982 bis 1990 auf und ist 1995 vollständig übersetzt als Anhang eines Buches (Roberto Pinotti, „UFO: Top Secret", Bompiani, 436 S.) veröffentlicht worden.

Marina Lawrentjewna Popowitsch [49] (*20. Juli 1931 - †30.November 2017) war eine russische Testpilotin, Autorin und Ufologin. Sie stellte 102 Weltrekorde auf, u. a. auf der Aero L-29 und der Antonow An-22. Sie kam auch in die engere Auswahl für die erste Gruppe sowjetischer Kosmonautinnen, wurde aber letztlich nicht berücksichtigt.

Ab den 1980er Jahren befasste sie sich mit Ufologie und berichtete, dass sie während ihrer Flüge selbst Ufos gesehen habe. Zu diesem Thema verfasste sie mehrere Bücher. Ins deutsche übersetzt wurden *„Meine UFO-Begegnungen"*, 1993 und *„UFO-Glasnost"*, 1995.

4.4 - Politiker

James Earl „Jimmy" Carter Jr. [50] (*1.Oktober 1924) ist ein US-amerikanischer Politiker der Demokratischen Partei. Er war zwischen 1977 und 1981 der 39. Präsident der Vereinigten Staaten. Von 1971 bis 1975 bekleidete er das Amt des Gouverneurs von Georgia.

Es gibt da den sogenannten Jimmy Carter UFO Zwischenfall. Jimmy Carter berichtete, er habe ein unbekanntes Flugobjekt in Leary, Georgia, im Jahre 1969 gesehen. [51]

Während seiner Wahlkampagne 1976, soll er zu den Reportern gesagt haben, dass er eine Politik der Offenheit einleiten wird, wenn er in ein Amt gewählt würde. *„Wenn ich Präsident werde, werde ich jede Information dieses Landes über UFO-Sichtungen der Öffentlichkeit zugänglich machen."*

Am 14 Juni 1977 soll Carter als Präsident ein Briefing über UFOs erhalten haben und deshalb, wegen des als „hoch geheim" eingestuften Aspektes des Programms, zur Geheimhaltung verpflichtet worden sein.

Trotz seiner früheren Zusage, distanzierte sich Carter von der Offenlegung unter Berufung auf „verteidigungspolitische Bezüge". [52] Die Welt wartet so bis heute vergeblich auf Carters Veröffentlichung. Das Schweigen von Jimmy Carter kann hier als indirekte Bestätigung gewertet werden.

Von Kean Mashable stammt folgende Information: *„Carter stellte 1977 über seinen wissenschaftlichen Berater Frank Press eine Anfrage, in der er die NASA aufforderte, sich mit UFOs zu befassen. Obwohl die Anfrage vom höchsten Büro des Landes kam, lehnte die NASA dies ab. Dies zeigt, dass auch Präsidenten nicht immer Informationen zu bestimmten Themen erhalten können."*

Ronald Wilson Reagan [53] (* 6.Februar 1911 - † 5.Juni 2004) war ein US-amerikanischer Schauspieler und republikanischer Politiker. Von 1967 bis 1975 war er der 33. Gouverneur von Kalifornien. Von 1981 bis 1989 der 40. Präsident der Vereinigten Staaten. Ronald Reagan hielt 19887 eine Rede vor der 42. Vollversammlung der UNO, bei der er folgendes sagte.

„Vielleicht brauchen wir erst eine universale Bedrohung von außen, damit wir unserer Gemeinsamkeiten bewusst werden. Ich denke gelegentlich daran, wie

schnell die Unterschiede auf unserer Welt verschwinden würden, wenn wir es mit einer fremden Bedrohung zu tun hätten, die nicht von dieser Welt stammt.“ [54]

Es ist ein Streit darüber entbrannt ob die Aussage lediglich hypothetischer Natur war oder Reagan sich auf eine vorliegende Bedrohung bezog.

Im Jahr 1974 sah Ronald Reagan ein UFO in einem Cessna Citation-Flugzeug. An Bord befanden sich vier Personen: der Pilot Bill Paynter, zwei Sicherheitskräfte und der Gouverneur von Kalifornien, Ronald Reagan. Als sich das Flugzeug Bakersfield, Kalifornien, näherte, machten die Passagiere Paynter auf ein seltsames Objekt im Fond aufmerksam. *„Es schien einige hundert Meter entfernt zu sein“*, erinnerte sich Paynter. *„Es war ein ziemlich konstantes Licht, bis es zu beschleunigen begann. Dann schien es sich zu verlängern. Dann ging das Licht aus. Es stieg in einem 45-Grad-Winkel mit hoher Geschwindigkeit auf. Jeder im Flugzeug war überrascht. Das UFO stieg sofort von einer normalen Reisegeschwindigkeit auf eine fantastische Geschwindigkeit um. Wenn Sie einem Flugzeug Leistung geben, wird es beschleunigen - aber nicht wie ein Hot Rod, und so war das auch.“* [55]

Man sollte noch bedenken, dass Ronald Reagan der Initiator des *SDI-Programmes* war, scherzhaft auch als Star-Wars-Programm bekannt geworden. Dieses System wäre nicht nur in der Lage gewesen terrestrische Raketen abzuwehren, sondern auch extraterrestrische Raumschiffe. [56]

William Jefferson „Bill“ Clinton [57] (*19. August 1946) ist ein US-amerikanischer Politiker der Demokratischen Partei. Von 1993 bis 2001 war er der 42. Präsident der Vereinigten Staaten. Zuvor war er Gouverneur von Arkansas.

Bill Clinton soll mehrmals versucht haben hinter die UFO-Geheimnisse des USA zu gelangen. Präsident Bill Clinton äußerte sich dazu 2014 auf Jimmy Kimmel Live und zu seinen Gedanken über Aliens und UFOs. [58]

Er sagte, er habe als Präsident die Wahrheit über Area 51 untersucht und *„alle Roswell-Papiere überprüft“*. *„Zuerst ließen mich die Leute die Aufzeichnungen in Area 51 durchsehen, um sicherzugehen, dass sich dort unten keine Außerirdischen befanden“*, äußerte Clinton während des Auftritts.

Im März 2016 ging **Hillary Clinton** auf Jimmy Kimmel Live [59] und sagte, sie werde ihr Bestes tun, um in Regierungsakten über mögliche UFO-Sichtungen nachzusuchen. Seine Frau Hillary Clinton hat ebenfalls versucht, auch über eine private Initiative, an Informationen zu UFOs zu gelangen, ist aber ebenso gescheitert. [60]

Barack Hussein Obama II [61] (*4.August 1961) ist ein US-amerikanischer Politiker der Demokratischen Partei. Er war von 2009 bis 2017 der 44. Präsident der Vereinigten Staaten.
Im Jahr 2015 ging Obama auch auf Jimmy Kimmel Live und scherzte über UFOs. In einem Interview mit Bill Simmons für GQ wurde der Präsident jedoch etwas ernsthafter mit UFOs.
„Die Leute fragen mich immer nach Roswell und den Aliens und UFOs, und es stellt sich heraus, dass die Dinge, die streng geheim sind, nicht annähernd so aufregend sind, wie man es erwartet", sagte Obama während des *Interviews. „Heutzutage ist es nicht mehr so streng geheim, wie man denkt."* [62]
Nachdem eine, im September 2011 in Washington, vom dem Disclosure- und Exopolitik-Lobbyisten Steve Bassett von der "*Paradigm Research Group*" eingereichte Online-Petition genügend Stimmen für eine formelle Antwort der US-Regierung zusammentragen konnte, hat sich die Obama-Administration zu der Forderung der Petition um eine Veröffentlichung des - angeblich geheimen - Wissens der US-Regierung geäußert.
Die Reaktion des politischen Sprechers des Weißen Hauses in Weltraum- und Raumfahrtangelegenheiten Phil Larson vom wissenschaftlich-technologischen Stab von US-Präsident Barack Obama war:
„Vielen Dank für Ihre Unterzeichnung der Petition, welche fordert, dass die Obama-Administration die Anwesenheit Außerirdischer auf der Erde zugibt.
Die US-Regierung hat keine Beweise dafür, dass irgendeine Form von Leben jenseits unseres Planeten existiert oder, dass eine außerirdische Präsenz auch nur ein einziges Individuum der menschlichen Rasse kontaktiert hat. Zudem gibt es keine glaubwürdigen Informationen darüber, dass entsprechende Beweise vor der Öffentlichkeit verborgen werden." [63]
Während der Präsidentschaft Obamas hat die Regierung 2013 laut Space.com mehr als 60 Dokumente aus den 1960er und 1970er Jahren freigegeben, die sich auf Area 51 beziehen.

George Walker Bush [64] meistens abgekürzt George W. Bush (*6.Juli 1946), ist ein US-amerikanischer Politiker der Republikanischen Partei und war von 2001 bis 2009 der 43. Präsident der Vereinigten Staaten.

Los Angeles (USA) – Wie schon zuvor schon andere US-Präsidenten so war nun auch der ehemalige US-Präsident George W. Bush zu Gast bei dem US-Nightalker Jimmy Kimmel auf ABC. Und wie auch seine Vorgänger, so befragte Kimmel auch Bush zu dessen Kenntnissen über die UFO-Geheimnisse der USA.

Auf die Frage Kimmels, ob Bush sich die geheimen Dokumente, die UFO-Akten angesehen habe, antwortet dieser nur kurz aber bestimmt: *„Vielleicht..."*, um dann etwas ausweichend zu erzählen, dass seine Tochter ihm bereits die gleiche Frage gestellt habe.

Auf die Frage Kimmels, ob es ihm (Bush) denn überhaupt erlaubt sei, seiner Tochter zu erzählen, was in diesen Akten steht, antwortet Bush sehr direkt und knapp: *„Nein."*

Auf den Hinweis seines Gastgebers, dass er doch jetzt – wo er nicht mehr im Amt sei – solche Dinge sagen könne, erklärt Bush ebenfalls nur kurz: *„Das ist wahr. Aber ich tue es nicht."*

Auch die Frage Kimmels, ob es da wirklich Geheimnisse gebe, über die er (Bush) niemals reden dürfe – auch nicht im hohen Alter, antwortet Bush – ein weiteres Mal kurz und knapp – mit einem *„Ja"* und verneint zugleich, dass er auch je darüber reden werde. [65]

Paul Theodore Hellyer [66] (*6.August 1923) ist ein kanadischer Unternehmer, Ingenieur, Kaufmann und Politiker der Liberalen Partei, der Progressiv-konservativen Partei sowie zuletzt der Canadian Action Party, der mehr als 23 Jahre Abgeordneter des Unterhauses, mehrfach Minister sowie zwischen 1997 und 2003 Vorsitzender der Canadian Action Party war. Paul Hellyer war Vizepremier und Verteidigungsminister von Kanada in den Jahren 1963 bis 1967.

Hellyer war an der *Citizen Hearing on Disclosure*, USA 2013 als Zeuge beteiligt. (siehe Seite 32).

Auf der *X-Conference* 2008 forderte er ein Ende der UFO-Vertuschung durch die US-Regierung und die Bedeutung außerirdischer Besucher für die Erde. Paul Hellyer sprach sich im Juli 2010 beim *Exopolitik Symposium* an der Universität Toronto für die Realität des UFO-Phänomens aus. [67]

Dmitri Anatoljewitsch Medwedew [68] (*14. September 1965) ist ein russischer Politiker. Er war von 2008 bis 2012 Präsident Russlands und ist seit dem 8. Mai 2012 Ministerpräsident der Russischen Föderation.

Medwedew ist inzwischen schon zweimal dabei aufgefallen, Statements über Aliens zu machen. Beim ersten mal fragte eine Journalistin den Premier, ob er Informationen über Außerirdische habe. Darauf Medwedew: Der russische Präsident bekomme zusammen mit dem Atomkoffer zwei geheime Ordner. Im ersten stünden Informationen über Aliens auf der Erde. Im zweiten sei festgehalten, wie die Geheimdienste diese kontrollierten. [69]

Im ersten Interview verwies er auf den Dokumentarfilm *„Men In Black"*. Das ist nicht der Hollywood-Film sondern ein russischer Film in englischer Sprache, auf YouTube zu sehen, der über Aliens auf der Erde berichtet.

Im zweiten Interview ging er noch auf die Ausmaße der Alienverbreitung auf der Erde ein. Er sagte wenn die Leute wüssten wie viele es sind, würde eine Panik ausbrechen. [70]

Shigeru Ishiba [71] ist ein japanischer Politiker, ehemaliger Verteidigungsminister und ehemaliger Generalsekretär der Liberaldemokratischen Partei (LDP). Von Dezember 2000 bis Februar 2008 war Ishiba der Verteidigungsminister von Japan.

Als Japans Verteidigungsminister wollte Shigeru Ishiba die Streitkräfte des Landes auf ein mögliches Auftauchen von Unbekannten Flugobjekten (UFOs) aus dem All vorbereiten. *„Nichts rechtfertigt es zu bestreiten, dass UFOs existieren und von einer anderen Lebensform kontrolliert werden"*, sagte Ishiba vor Journalisten in Tokio. [72] [73]

Es sei sehr erstaunlich, dass für den Fall einer Invasion von Außerirdischen noch keinerlei gesetzliche Regelung getroffen wurde, sagte der Minister, der betonte, es handele sich um seine persönliche Meinung. Die Aussagen Ishibas folgen auf eine überraschende Einlassung des Vizechefs und Sprechers der Regierung, **Nobutaka Machimura**. [74] Dieser hatte zwei Tage zuvor gesagt, er sei *„absolut überzeugt"*, dass UFOs existieren.

Die Aussagen von Astronauten, Kosmonauten, Testpiloten und von etlichen Politikern bestätigen die Existenz von UFOs und Aliens.

Die Aussagen der anderen Whistleblower bestätigen nicht nur eindeutig die Existenz von außerirdischen Spezies und fortgeschrittenen Technologien, sondern zeigen, dass es sogar unterirdische Basen gibt, in denen Menschen mit Außerirdischen zusammen arbeiten.

Und damit existiert auch ein Wissens- und Technologietransfer und wahrscheinlich auch ein Personaltransfer, der ohne entsprechende Verträge wohl nicht möglich wäre. Aufgrund der angesammelten Indizien kann hier folgende Hypothese aufgestellt werden:

4.4.1 Satz   **Die Regierungen der USA, der Russischen Förderation und der VR China wissen mehr über UFOs und Aliens als sie öffentlich zugeben.**

In diesem Zusammenhang ist noch der Fall der **Donna Hare** zu erwähnen. Donna Hare arbeitete von 1967 bis 1981 bei einer Vertragsfirma der NASA, nämlich der Philco-Ford Aerospace.

Donna Hare machte eine Aussage bei der *Disclosure Project Pressekonferenz* 2001 die zeigt, dass die NASA seit geraumer Zeit Vorkehrungen getroffen hat, Fotos bzgl. UFOs zu retuschieren. (siehe Seite 30)

Die Aussage von Donna Hare war für den britischen Computerexperten Gary McKinnon der Anlass, sich in NASA-Computer der entsprechenden Abteilung zu hacken, um dort nach Beweisen für UFOs und Außerirdische zu suchen. (siehe Seite 186)

Die NASA ist keine rein zivile Weltraumbehörde wie die ESA. Seit Ihrer Gründung am 29. Juli 1958 unterstand sie stets der Aufsicht des Pentagons und der Geheimdienste. Zu den Aufgaben der NASA zählt laut dem Gründungsgesetz (Public Law 85-568, 85th Congress, H.R. 12575 vom 29. Juli 1958), dass die NASA den Behörden, die mit der nationalen Sicherheit betraut sind, alle Entdeckungen von militärischem Wert oder Bedeutung zu übermitteln hat. [75]

Interessant ist hier noch, dass der Fernsehsender *N24* seit 2015 regelmäßig eine Serie von Sendungen, unter dem Titel *„Die UFO-Akten"* ausstrahlt. Darunter ist auch ein Beitrag namens *„Alientechnologie"* (12.05.2016), [76] in der alle in diesem Buch genannten Whistleblower gezeigt werden. *N24* bezieht sich in diesen Sendungen dabei komplett auf das Material der *MUFON*. Es ist also davon auszugehen, dass alle hier aufgeführten Whistleblower sämtlich auch bei der *MUFON* bekannt und dokumentiert sind.

5 – Das SETI-Projekt

5.1 - Zur Geschichte von SETI

„Search for Extraterrestrial Intelligence" (Englisch steht für die Suche nach extraterrestrischer Intelligenz, auch kurz **SETI** [1] genannt) bezeichnet die Suche nach außerirdischen Zivilisationen.
Schon 1909 beschäftigte sich Nikola Tesla mit angeblichen Signalen vom Mars. [2] Im selben Jahr schlug der Astronom David Peck Todd erfolglos vor, mittels Forschungsballons, die Empfangsgeräte befördern sollten, nach eventuellen extraterrestrischen Radiosignalen zu suchen. [3] Guglielmo Marconi behauptete, Anfang der 1920er Jahre, Signale von Außerirdischen empfangen zu haben, was aber nicht bestätigt werden konnte. [4]
Im September 1959 veröffentlichten die Physiker Philip Morrison [5] und Giuseppe Cocconi [6] von der Cornell University unter dem Titel *„Searching for Interstellar Communications"* eine bahnbrechende These in *„Nature"*. [7] Sie erklären darin, wie die Radioastronomie dazu dienen könnte, potenzielle interstellare Kommunikation zu empfangen. Diese Veröffentlichung gilt als die Geburtsstunde von SETI.

Gleichzeitig mit Morrison und Cocconi, aber unabhängig von ihnen, arbeitete der Astronom Frank Drake, [8] am Green Bank Radioteleskop in West Virginia, an einer Idee, ob es realisierbar sein könnte, Signale von anderen Welten zu empfangen. Im April 1960 begann das *„Projekt Ozma"*, zunächst mit der Beobachtung der zwei sonnennächsten Sterne, Tau Ceti und Epsilon Eridani.

Im November 1960 trafen sich zum ersten Mal Wissenschaftler verschiedener Disziplinen in Green Bank, USA, um über die Wahrscheinlichkeit extraterrestrischer Intelligenzen und die Suche nach ihnen zu diskutieren. Teilnehmer der Konferenz waren u. a. Frank Drake, Otto von Struve, Philip Morrison, Carl Sagan, Melvin Calvin, Bernard M. Oliver und John Lilly. [9]
Während dieser Tagung stellte Frank Drake auch erstmals seine, inzwischen als ***Drake-Gleichung*** (siehe Seite 150) berühmt gewordene Berechnung zur möglichen Anzahl höher entwickelter Zivilisationen in unserer Galaxie vor.

$$N = R \cdot f_p \cdot n \cdot f_L \cdot f_i \cdot f_c \cdot L$$

Nikolai Kardaschow, Josef Schklowski und andere Wissenschaftler organisierten 1964 und 1971 weitere SETI-Konferenzen, am Byurakan-Observatorium. Carl Sagan und Josef Schklowski veröffentlichten 1966 mit *„Intelligent Life in the Universe"* ein weit bekanntes Buch über SETI. [10]

1971 begann sich auch die NASA [11] mit dem *„Project Cyclops"* für SETI zu interessieren. Im Laufe eines Sommer-Workshops der Stanford Universität und des NASA Ames Forschungszentrums wurden Pläne für zukünftige Forschungen entwickelt.
Von 1972 bis 1976, unter dem Namen *„Ozma II"*, ging die Suche nach außerirdischen Signalen am Green Bank Radioteleskop weiter. Die Forscher beobachteten dabei im Laufe von mehr als 500 Beobachtungsstunden 674 Sterne.

Carl Sagan, Bruce Murray und Louis Friedman gründeten 1980 die *„Planetary Society"*, die unter anderem verschiedene SETI-Projekte finanziell unterstützen sollte.

1984 wurde das *„SETI Institut"* [12] gegründet.
Das erklärte Ziel war die Forschung zu SETI und dem Leben im Universum zu fördern und durchzuführen.
Zu den Gründungsmitgliedern gehörte neben Frank Drake, auch die Radioastronomin Jill Tarter [13] die als Vorbild für die Hauptakteurin in Carl Sagans Bestseller *„Contact"* gilt.

Im Oktober 1992 begannen zwei parallele NASA-SETI-Programme unter dem Namen *„High Resolution Microwave Survey"* (HRMS).

Die Astronomen des NASA Ames Forschungszentrums benutzten dazu das 305-Meter Radioteleskop in Arecibo.
Es wurden etwa tausend, vorher ausgewählte, Sterne gezielt angepeilt.

Während die Forscher des *Jet Propulsion Laboratory* (JPL) eine Himmelsdurchmusterung, mithilfe des 34-Meter Teleskops Goldstone, in der Mojavewüste durchführten.
Nach weniger als einem Jahr laufender Beobachtungen, 60 Millionen Dollar Entwicklungskosten und 23 Jahren Planung wurde das *NASA-SETI-Projekt* im Jahr 1993 aufgrund eines Sparbeschluss des US-Kongresses eingestellt. [14]

Im Februar 1995 startete das SETI-Institut das *„Project Phönix"*. Das Projekt war eine Weiterentwicklung der gezielten Suche vom NASA Ames Forschungszentrum.

Auf der Suchliste des Projektes standen rund 1.000, meist sonnenähnliche Sterne, in maximal 200 Lichtjahren Entfernung und einem Mindestalter von drei Milliarden Jahren.
Bis September 1996 diente das 64-Meter Parkes - Radio Teleskop in Australien als Stützpunkt.

Im Oktober 1995 nahm, mit Unterstützung der in Privatinitiative gegründeten *Planetary Society*, das *„Project BETA"* seine Arbeit am 28-Meter Teleskop des Harvard-Smithsonian Observatory in Harvard auf. Im Gegensatz zu *„Phönix"* sollte *„BETA"* nicht gezielt einzelne Sterne untersuchen, sondern den kompletten Himmel auf der Frequenz des neutralen Wasserstoffs durchforsten.

1996 zog *„Projekt Phönix"* von Australien an das 43-Meter Radioteleskop von Green Bank in Virgina um. Gleichzeitig wurde am 305-Meter Radioteleskop von Arecibo in Puerto Rico der, passiv mit den Teleskopbewegungen mitwandernde, Empfänger für das *„Projekt SERENDIP"* (*Search for Extraterrestrial Radio Emissions from Nearby Developed Intelligent Populations*) installiert. Dieses ebenfalls von

der Planetary Society unterstützte SETI-Projekt beruhte ähnlich wie „BETA" auf dem Prinzip der ungezielten Himmelsdurchmusterung.
1998 verlegte „Projekt Phönix" seinen Hauptstützpunkt an das 305-Meter Radioteleskop von Arecibo in Puerto Rico, wo es bis heute stationiert ist.
An der Harvard Universität und der Universität von Kalifornien in Berkeley starteten erstmals auch optische SETI-Projekte. Die Observatorien suchten dabei gezielt nach sehr kurzen, von ausgewählten Zielsternen ausgehende Lichtblitze.

5.2 - SETI@home

1999 begann das Projekt *SETI@home*. [15] Es benutzte auch den SERENDIP-Empfänger am Arecibo-Radioteleskop, konzentrierte seine Suche aber auf einen engeren Frequenzbereich.
Die Analyse der Daten erfolgt erstmals nicht stationär, sondern Teilnehmer stellen Rechenleistung auf ihren Computern zur Verfügung, um die gesammelten Daten mittels des *BOINC-Verfahrens* auszuwerten.
BOINC steht für „*Berkeley Open Infrastructure for Network Computing*". Hierbei handelt es sich um eine Vernetzung von Computern, mit dem Ziel, ihre Rechenleistung zu kombinieren. So braucht man keine Supercomputer zum Auswerten von Daten.
Seit 1999 haben die am Projekt teilnehmenden Rechner zusammen knapp 2,3 Millionen Jahre Rechenzeit erbracht. In dieser Zeit sind zirka 1,84 Milliarden Resultate von über **5,4 Millionen** Benutzern eingegangen.
Im Jahr 2000 wurde das optische SETI-Programm am Harvard Observatorium ausgeweitet. Es sollte bis 2002 die erste komplette optische Himmelsuntersuchung durchführen.
Seit 2001 ist **Seth Shostak** [16] Senior Astronom am SETI Institut. Das SETI Institut, mit Sitz in Mountain View, Kalifornien, beschäftigt mehr als 50 Forscher, die alle Aspekte der Suche nach Leben, sei-

ner Herkunft, der Umgebung, in der sich das Leben entwickelt und seines ultimativen Schicksals untersuchen.

Shostak ist ein aktiver Teilnehmer an den Beobachtungsprogrammen des Instituts und ist seit 2002 Gastgeber für SETIs wöchentliche Radiosendung *„Big Picture Science"*.

Im März 2003 benutzten Astronomen aus der SETI@home das Arecibo-Radioteleskop für gezielte, wiederholte Beobachtungen von rund 200 „Kandidaten"-Signalen. Sie wurden zuvor aus den Daten der fast vier Jahre langen Arbeit des Internetprojektes, als die interessantesten und aussichtsreichsten für ein echtes extraterrestrisches Signal, ausgewählt.

5.3 - Signale

Bis heute, also 2018, konnte kein relevantes Signal detektiert werden. Bis auf das sogenannte *„Ohio-Wow-Signal"*. [17]

Am 15. August 1977 registrierte das riesige *„Big Ear"* Radioteleskop der Ohio State Universität das stärkste und deutlichste potenzielle Alien-Signal in der Geschichte von SETI. Der Astrophysiker Jerry R. Ehman entdeckte es während einer SETI-Beobachtung.

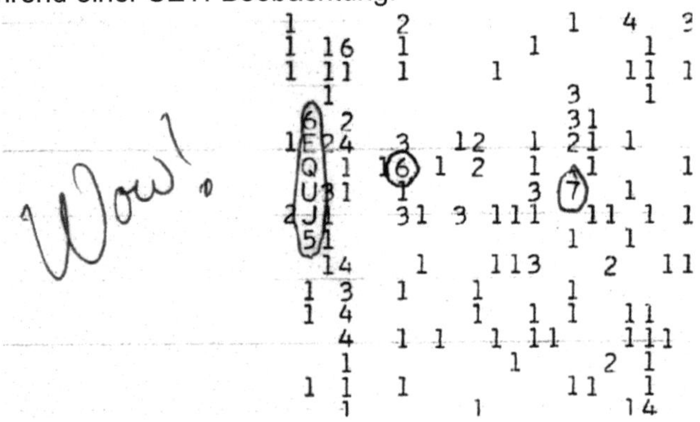

Es war ein Radiosignal aus Richtung des Sternbildes Schütze. Bis heute konnte es allerdings weder wiederbeobachtet, noch seine Ursache aufgeklärt werden.

Das Senden von Signalen an außerirdische Intelligenzen wird als Active SETI bzw. METI (*Messaging to Extra-Terrestrial Intelligence*) oder CETI (*Communication with extraterrestrial intelligence*) bezeichnet.

Forscher, wie der Astrophysiker Stephen Hawking oder auch David Brin spekulieren aber, dass Active SETI mit erheblichen Risiken verbunden sein könnte [18] [19] und es angebracht sei über Pläne für eine planetare Verteidigung nachzudenken.

1974 wurde über die Arecibo-Antenne eine Botschaft an den rund 25.000 Lichtjahre von der Erde entfernten Kugelsternhaufen M13 versendet, Die Botschaft war in einer Matrix von 23×73 Pixel angeordnet, die Informationen zu Zahlen, chemischen Elementen, Nukleotiden, DNS, der Menschheit, dem Planeten Erde und dem Sender enthielt Zur Risikobewertung eines gesendeten Signals wurde die zehnstufige **San-Marino-Skala** geschaffen, die von unbedeutend (**1**) bis außerordentlich (**10**) reicht. Nach der San-Marino-Skala hatte die Botschaft Stufe **8** (weitreichend). [20]

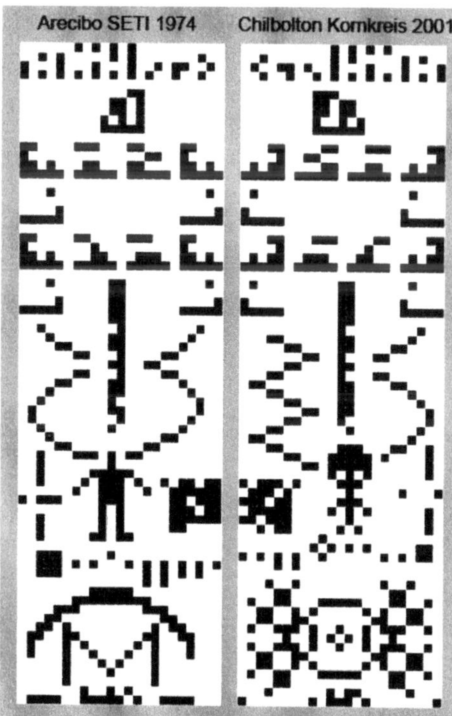

Die linke Abbildung zeigt die *Arecibo-Botschaft* von 1974, an der Frank Drake und Carl Sagan mitbeteiligt waren. [21]

Im August 2001 wurde im einen Kornfeld unmittelbar neben dem Radioteleskop von Chilbolton (das als Teil der LOFAR-Anlage selbst in SETI-Projekte eingebunden ist) in der südenglischen Grafschaft Hampshire ein Kreis-Piktogramm im Kornfeld entdeckt, das als Antwort auf die Arecibo-Botschaft gedeutet wird. Die rechte Abbildung zeigt die Kornkreis-Darstellung. [22]

5.4 - Carl Sagan

Carl Edward Sagan [23] (*1934 – †1996) war ein bekannter amerikanischer Astronom und Astrophysiker.

Darüber hinaus betätigte er sich auch als Sachbuchautor und als Schriftsteller. Aber erst durch seine Arbeit als Fernsehmoderator erlangte Carl Sagan eine gewisse Bekanntheit in der Öffentlichkeit.

Sagan gilt als Mitbegründer der **Exobiologie** und er ebnete den Weg für die Suche nach außerirdischer Intelligenz **(SETI)**. [1]

Des Weiteren hat Carl Sagan zu vielen unbemannten Weltraummissionen beigetragen, die in der zweiten Hälfte des 20ten Jahrhunderts gestartet sind und unser Sonnensystem erforscht haben.

Es war seine Idee, eine Botschaft der Menschheit an eine Raumsonde anzubringen, die auch von einer außerirdischen Intelligenz verstanden werden könnte. Diese Idee realisierte er mit der Datenplatte *„Voyager Golden Record"* an den Raumsonden *Voyager 1* und der fast identischen *Voyager 2*. [24] [25]

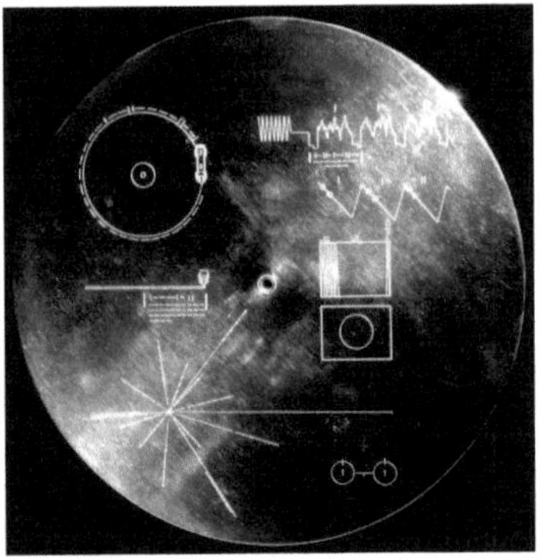

Carl Sagan beschäftigte sich auch intensiv mit der Drake-Gleichung und kam zu dem Schluss, dass Leben außerhalb der Erde durchaus möglich ist.

Bedingt durch die damalige Unsicherheit bezüglich der Wahrscheinlichkeitsfaktoren gab er an, dass die Anzahl der Zivilisationen, in der Galaxie, zwischen 1 und 1 Million liegen könnte. [26]

5.5 - Betriebszeit von SETI

1895 wurden durch Guglielmo Marconi [4], auf unserem Planeten zum ersten Mal elektromagnetische Wellen benutzt, also vor etwa 120 Jahren. 1901 gelang der erste transatlantische Funkverkehr. Ab 1905 wurde drahtloser Funkverkehr [27] allgemein benutzt, somit seit 110 Jahren.

Im Umreis von 55 Lichtjahren hätten daher bis heute alle diese ausgestrahlten elektromagnetischen Signale von außerirdischen Zivilisationen detektiert werden müssen. Und wenn sie geantwortet hätten, würde uns ihr Signal heute erreicht haben. Dies ist aber bisher nicht geschehen.

Die Betriebszeit von SETI beträgt jetzt 55 Jahre.

5.5.1 Folgerung   Im Umkreis von 55 Lichtjahren existiert keine Zivilisation die, über elektromagnetische Wellen, mit uns kommunizieren kann oder will.

Das Lichtjahr ist eine astronomische Maßeinheit. Unter einem Lichtjahr wird die Entfernung verstanden, die das Licht in einem Jahr durchläuft. Das sind 9,461 Billionen Km. [28]

5.6 - Keine Antwort

Das kann mehrere Gründe haben:

1)   Es gibt keine Zivilisation im Umkreis von 55 LJ.

2)   Es gibt eine Zivilisation im Umkreis von 55 LJ, die niedriger entwickelt ist, als unsere Zivilisation und noch keine elektromagnetischen Wellen kennt.

3)   Es gibt eine Zivilisation im Umkreis von 55 LJ, die höher entwickelt ist, als unsere Zivilisation und keine elektromagnetischen Wellen mehr benutzt.

4)   Es gibt eine Zivilisation im Umkreis von 55 LJ, die aber nicht kommunizieren will.

5)   Wir hören mit SETI an der falschen Stelle, denn **wenn eine Physik für interstellare Raumfahrt existiert (Axiom 6.6.1), dann gibt es auch eine Nachrichtenübertragung auf die-**

ser Basis, also so etwas wie Hyperfunk. Und der ist sicher NICHT elektromagnetischer Natur und auf die Ausbreitungsgeschwindigkeit von EM Wellen limitiert.

SETI verhält sich daher so, als ob man auf Trommelzeichen oder Rauchzeichen wartet, während die anderen miteinander telefonieren, oder Funkverkehr betreiben.

Durch SETI konnte bisher ein Gebiet mit einem Radius von 55 Lichtjahren untersucht werden. Im Umreis von 55 Lichtjahren liegen über 1.000 Sonnen.
Es bleibt nur noch der Fall, in dem eine, ein paar hundert oder tausend Lichtjahre, entfernte Zivilisation vor Hunderten von Jahren ein Signal losgeschickt hätte, das uns dann heute erreichen würde. Das wäre aber ein unglaublicher Glücksfall.
Wir können eher davon ausgehen, dass eine interstellare Nachrichtenübertragung, auf Grundlage einer mehrdimensionalen Physik, existiert und diese von raumfahrenden Spezies benutzt wird.
Nach solch einer Physik müssen wir suchen, um mit einer anderen Zivilisation in der Galaxie in Kommunikation treten zu können.

5.7 - Quantentechnologie

Am 17.08.2016 veröffentlichte die Süddeutsche Zeitung einen Artikel über den Start des chinesischen Satelliten *Mozi* am 15.08.2016 vom Weltraumbahnhof Jiuquan aus, der mit Quantentechnologie zur abhörsicheren Kommunikation ausgestattet ist - dabei werden verschränkte Teilchen benutzt. Was, bei weiterer Entwicklung, zu einer abhörsicheren und momentanen, also überlichtschnellen Kommunikation befähigt. [29] [30]

Laut der Presse ist es 2012 österreichischen Physikern gelungen derart verschränkte Lichtquanten über eine Entfernung von 143 Kilometern zwischen den kanarischen Inseln Teneriffa und La Palma zu übertragen.
Dies ist der Anfang einer **abhörsicheren** und **überlichtschnellen** Kommunikation, also einer Technologie die wahrscheinlich schon in wenigen Jahren allgemein zur Verfügung stehen wird. Erwartungsgemäß werden die Militärs dieser Welt an dieser Technologie brennend interessiert sein.
Es ist also davon auszugehen, dass bei interstellaren Reisen eine solche Art der Kommunikation nicht nur sinnvoll, sondern sogar Standard ist. Wenn also raumfahrende Außerirdische diese Techno-

logie zur Kommunikation benutzen, ist durch die Abhörsicherheit einerseits und die überlichtschnelle Signalgeschwindigkeit andererseits, ein **Schweigen im All** auf dem elektromagnetischen Frequenzband verständlich.

Das bedeutet, dass nur Zivilisationen einer bestimmten Entwicklungsstufe elektromagnetische Signale benutzen und sich sozusagen dadurch auch verraten.

Mit SETI wäre es demnach nur möglich Signale von Zivilisationen zu empfangen, die auf einer **gleichen oder ähnlichen** technologischen Stufe wie wir stehen. Ein weiteres Indiz für die „Beschränktheit" des SETI Ansatzes. Aufgrund der aufgeführten Sachverhalte lässt sich allgemein formulieren:

5.7.1 Satz   SETI, in der heutigen Form, ist sinnlos, weil wir mit den falschen Methoden suchen.

Da wir nach außerirdischen Zivilisationen suchen erhebt sich hier die Frage: **Wie viele technologische Zivilisationen könnte es in unserer Galaxie geben?** In den nächsten Kapiteln wird versucht diese Frage zu klären.

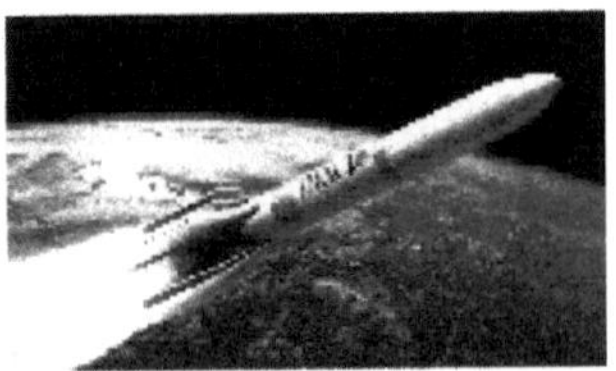

$$N = R \cdot f_p \cdot n \cdot f_L \cdot f_i \cdot f_c \cdot L$$
$$N = N^{\star} \cdot f_Q \cdot f_{HZ} \cdot f_O \cdot f_L \cdot f_S$$

$$F_{Zm} = 1{,}972 \cdot m^{-2}$$

$$F_e = \frac{F_k}{F_g \cdot F_a}$$

$$N_{sz} > N_{xz}$$
$$N_{zeGal} > N_{mzGal}$$

$$N_{ze} = A \cdot F_{sph} \cdot F_{gae} \cdot F_{Liz} \geq 1$$

$$N_{zexGal} = A \cdot \sum (F_X \cdot F_{ph} \cdot F_{gae} \cdot F_{Liz})$$
$$N_{ZivGal} = A \cdot \sum (F_X \cdot F_{ph} \cdot F_k \cdot F_{Liz})$$

$$N_{zexGal} = A \cdot \sum_{x=1}^{13} (F_x \cdot F_{phx} \cdot F_{gaex} \cdot F_{Lizx})$$

$$T_m = 2 \cdot 10^7 \cdot m^{-6}$$

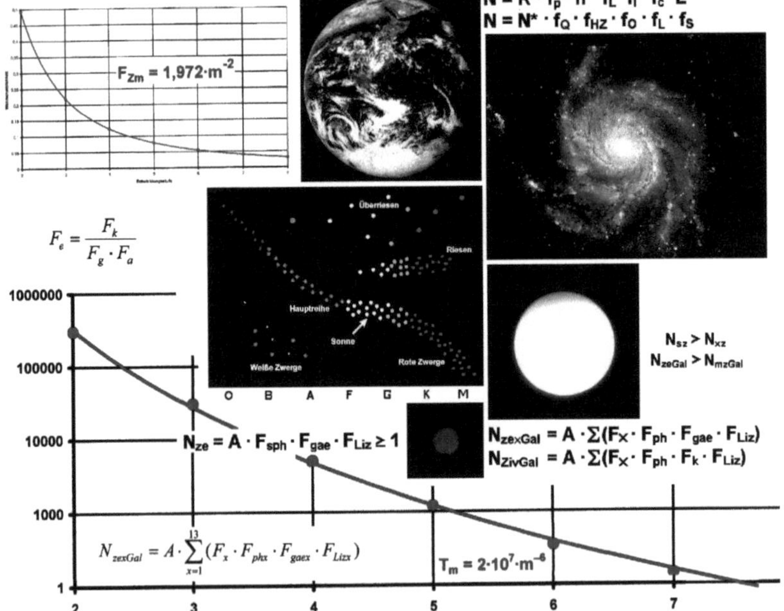

Teil 2

Mathematisches Modell

Einleitung

Das in den folgenden Kapiteln, des zweiten Teils dieses Buches, verwendete Verfahren wird in der Mathematik als axiomatische Vorgehensweise bezeichnet. Sie zwingt dazu, alle Voraussetzungen klar formulieren zu müssen. Dadurch ist es ausgeschlossen, dass sich versteckte Prämissen einschleichen.

Aus der Analyse bestehenden empirischen Datenmaterials des Kepler-Teleskopes werden Hypothesen gezogen, die als **Ansätze** und **Axiome** bezeichnet werden. Die daraus abgeleiteten Aussagen werden als **Sätze** formuliert. Alle Axiome und Sätze führen zu einer Gesamtdarstellung der Situation, die dann als **Arbeitshypothese** benutzt werden kann.

Es sei hier darauf hingewiesen, dass es sich bei der folgenden Abhandlung <u>nicht</u> um eine exakte Berechnungsmethode zur Bestimmung der Anzahl extraterrestrischer Zivilisationen handelt, sondern um eine **Größenabschätzung mittels statistischer Methoden**, auf Grundlage von möglichst gesicherten bzw. empirischen Daten.

Außerdem geht es in dieser Abhandlung zu zeigen, wie man ein systematisches Modell für Leben, Intelligenz und Zivilisation in der Galaxie entwickeln kann.

Die in diesem Teil 2 vorgestellte Theorie, d.h. alle in den Kapiteln genannten Voraussetzungen, Ansätze, Axiome und Sätze sind, im Sinne der heutigen Erkenntnistheorie, falsifizierbar. Können also, in Zukunft, bestätigt oder widerlegt werden.

Somit erfüllt das hier formulierte Modell (speziell Gleichungssystem 6.3.3, Gleichung 8.2.2 und die Gleichung 8.5.3 in Teil 2) die Eigenschaft der Falsifizierbarkeit, im Sinne Poppers und stellt somit eine naturwissenschaftliche Hypothese dar, hinsichtlich der Existenz von außerirdischen Zivilisationen in einer Galaxie.

Darüber hinaus ist das Modell ein fundamentaler Beitrag zur Exobiologie, nämlich die Existenz von (intelligentem) Leben in der Galaxie betreffend.

Der Vollständigkeit und der Nachvollziehbarkeit halber, ist hier das spezielle Grundmodell veröffentlicht. So ist es jedem möglich, alle Zahlen selbst nachzurechnen. Weitere Einzelheiten und das allgemeine Grundmodell, sowie die ausführliche Behandlung der Drake-Gleichung und der Seager-Gleichung, sind im Buch *„Wahrscheinlichkeiten in der Galaxie für Leben, Intelligenz und Zivilisation"* [1] zu finden.

Diese Aneinanderreihung von Mathematik mag für einen normalen Leser etwas ermüdend sein, erschien mir jedoch notwendig, um hinreichende Transparenz zu erhalten und die Herleitungen nachvollziehbar zu gestalten.

1 – Planeten in der Galaxie

1.1 - Nachweis von Planeten

Will man klären wie viele Zivilisationen es in unserer Galaxie gibt, so würde man sich zuerst nach erdähnlichen Planeten in sonnenähnlichen Sternsystemen umschauen - aus einer ersten menschlichen Sicht heraus. Wie sich später noch zeigen wird, könnte durchaus auf etwas andersgearteten Planeten bzw. Sternsystemen auch Leben, Intelligenz und Zivilisation entstanden sein. Was zu einer Erweiterung des Modells führen wird.
Die erste Entdeckung eines Exoplaneten, in einem sonnenähnlichen Sternsystem, wurde 1995 mit Hilfe der Radialgeschwindigkeitsmethode gemacht. Inzwischen werden international Untersuchungen betrieben, die sich mit dem Nachweis von Exoplaneten, in anderen Sternsystemen, innerhalb dieser Galaxie beschäftigen. Dabei werden verschiedene Methoden angewendet. [1]

Transitmethode
Wenn die Umlaufbahn eines Planeten so liegt, dass er aus Sicht der Erde genau vor dem Stern vorbeizieht, erzeugen diese Bedeckungen periodische Absenkungen in dessen Helligkeit. Sie lassen sich durch Helligkeitsmessungen des Sterns nachweisen, während der Exoplanet vor seinem Zentralstern vorbeizieht. Diese Messungen werden mittels terrestrischer Teleskope, wie dem *SuperWASP* oder wesentlich genauer durch Satelliten wie *COROT*, *Kepler* oder *ASTERIA* durchgeführt.

Radialgeschwindigkeitsmethode
Stern und Planeten bewegen sich unter dem Einfluss der Gravitation um einen gemeinsamen Schwerpunkt. Der Stern bewegt sich, wegen seiner größeren Masse auf kürzeren Wegen als der Planet. Wenn man von der Erde aus nicht genau senkrecht auf diese Bahn schaut, hat diese periodische Bewegung des Sterns eine Komponente in Sichtrichtung, die durch Beobachtung der abwechselnden Blau- und Rotverschiebung des Sterns nachgewiesen werden kann.

Astrometrische Methode
Die Bewegung des Sterns um den gemeinsamen Schwerpunkt hat auch Komponenten quer zur Sichtrichtung. Diese sind durch genaue Vermessung seiner Sternörter relativ zu anderen Sternen nachweisbar. Bei bekannter Sternmasse und Entfernung kann man hier auch die Masse des Planeten angeben, da die Bahnneigung ermittelt werden kann.

Lichtlaufzeit-Methode
Diese Methode beruht auf einem streng periodischen Signal von einem Zentralstern oder einem zentralen Doppelstern. Durch den Einfluss der Gravitation verschiebt sich bei einem umlaufenden Planeten der Schwerpunkt des Sternsystems, wodurch es zu einer zeitlichen Verschiebung bei den periodischen Signalen kommt.

Direkte Beobachtung
Seit 2004 gibt es auch direkte Beobachtungen von Exoplaneten und zwar durch das Hubble-Weltraumteleskop und dem *Very Large Telescope* der ESO (Europäische Organisation für astronomische Forschung in der südlichen Hemisphäre).

1.2 - Daten des Kepler-Satelliten

Die Suche nach Exoplaneten geschah bis vor kurzem durch das Satellitenteleskop **Kepler**. [2] Kepler ist ein Weltraumteleskop der NASA. [3] Es startete am 7. März 2009, um nach extrasolaren Planeten [1] zu suchen. [4] Am 30. Oktober 2018 wurde der Betrieb wegen Treibstoffmangels eingestellt.
Erik Petigura von der Universität von Kalifornien in Berkeley nahm 2013 eine Auswertung von genau 150.000 Sternen vor.

Das Teleskop Kepler identifizierte unter den **150.000** beobachteten Sternen **42.000**, die unserer Sonne ähneln, also Sterne der Spektralklasse G. In deren Umlaufbahnen hat "*Kepler*" insgesamt **603** Systeme mit Planeten entdeckt. **10** Planeten davon sind etwa erdgroß und umkreisen ihren Stern in der sogenannten bewohnbaren (habitablen) Zone, [5] wo lebensfreundliche Temperaturen herrschen. [6]
Zur Auswertung der Keplerdaten benutzt man Schwankungen der Helligkeit von Sternen, die einen Transit eines Planeten vor seiner Sonne kennzeichnen.
Aufgrund der unterschiedlichen Bahnneigungen der Planeten gegen unsere Sichtlinie tritt allerdings nur bei einem Teil erdähnlicher Planeten eine, aus unserer Richtung beobachtbare, Bedeckung auf. Die geometrische Wahrscheinlichkeit F_K eines solchen Transits, für die Erde, liegt bei **0,47 %** $\approx$ 1/213 %. [2] [7]

Es könnten daher maximal noch etwa 213 mal so viele Systeme mit

Planeten vorhanden sein. Bei 603 entdeckten Systemen ergibt das 128.439 unentdeckte Planetensysteme. Das sind **85,6 %** der beobachteten Sterne. Damit könnten maximal auch 85,6 % aller Sonnensysteme, in der Galaxie, über Planeten verfügen.

1.3 - Auswertung der Kepler-Daten

Kepler beobachtete einen festen Ausschnitt mit ca. 190.000 Sternen im Sternbild Schwan. Statistisch gesehen ist das eine Datenpopulation, die groß genug ist, um signifikante Zahlen zur Verteilung sonnenähnlicher Systeme zu erhalten. Allerdings wurde nur ein kleiner Himmelsausschnitt dazu untersucht, von dem aber anzunehmen ist, dass hier eine galaktisch durchschnittliche Sternen-Verteilung vorhanden ist. Um die Daten auf die ganze Galaxie übertragen zu können, bedarf es also einer Voraussetzung:

1.3.1 Axiom Die Daten des Keplersatelliten lassen sich auf die gesamte Galaxie übertragen.

Die Keplerdaten von Erik Petigura werden in der folgenden Abhandlung (Kapitel 1-7) benutzt, um eine **Verteilungsstatistik für habitable Planeten, in sonnenähnlichen Systemen, in der Galaxie** zu entwickeln.

1.4 - Sonnenähnliche Sternsysteme

Von **150.000** beobachteten Sternen ähneln **42.000** unserer Sonne, gehören so der Spektralklasse **G** an.
Das entspricht einem Anteil von **28 %** bzgl. aller beobachteten Sterne.
Der Wahrscheinlichkeitsfaktor, extrapoliert für das Auftreten von G-Sternen in unserer Galaxie, beträgt damit:

$$F_s = 0,28 = 42.000 : 150.000 = 7:25$$

Bezogen auf alle Sternsysteme **A** in unserer Galaxie ergibt sich die Anzahl N_s der sonnenähnlichen Sternsysteme mit:

1.4.1 Gleichung $\boxed{N_s = A \cdot F_s}$

Mit den folgenden Faktoren:

A = 100 – 300 Milliarden   Anzahl der Sterne in der Galaxie [8]

F_s = 0,28 = 7:25   Wahrscheinlichkeit für G-Sterne

Einsetzen der Faktoren in die Gleichung 1.4.1 liefert:

1.4.2 Satz   **Die Anzahl der Sternsysteme, mit sonnenähnlichen Sternen, in unserer Galaxie, beträgt wahrscheinlich 28 bis 84 Milliarden.**

1.5 - G-Sterne mit Planeten

Von **42.000** sonnenähnlichen Sternsystemen konnten **603** als **planetenbehaftet** erkannt werden. Das entspricht einem Anteil von **1,435.7 %** bzgl. der sonnenähnlichen Systeme. Der Wahrscheinlichkeitsfaktor beträgt damit:

$$F_p = 0,014.357 = 603:42.000 = 201:14.000 \approx 1:70$$

Bezogen auf alle Sternsysteme **A** in unserer Galaxie ergibt sich die Anzahl N_p der sonnenähnlichen Sternsysteme, mit Planeten, zu:

1.5.1 Gleichung

$$\boxed{\begin{aligned} N_p &= N_s \cdot F_p \\ N_p &= A \cdot F_s \cdot F_p \end{aligned}}$$

Einsetzen aller Faktoren in die Gleichung 1.5.1 liefert:

1.5.2 Satz   **Die Anzahl der sonnenähnlichen Sternsysteme, mit Planeten, in unserer Galaxie, beträgt wahrscheinlich 0,4 bis 1,2 Milliarden.**

1.5.3 Definition $F_{sp} = F_s \cdot F_p$

F_{sp} = 7:25 · 1:70

F_{sp} = 0,004 = **1:250**

Unter **250** Sternsystemen existiert ein sonnenähnliches System mit mindestens einem Planeten.

1.6 - G-Sterne mit habitablen Planeten

1.6.1 - Habitable Zone

Als **habitable** (bewohnbare) Zone [9] bezeichnet man den **Abstandsbereich**, in dem sich ein Planet von seinem Zentralstern befinden muss, damit Wasser dauerhaft in flüssiger Form, als Voraussetzung für Leben, vorkommen kann.
Die genaue Position einer habitablen Zone, in einem Sonnensystem, ist vom Sterntypus abhängig, d.h. von der **Strahlung** und der **Temperatur** des Sterns.
Die habitable Zone kann, vereinfacht, aus der Leuchtkraft eines Sterns berechnet werden. Der **Durchschnittsradius** dieser Zone, eines beliebigen Sternes, kann mit folgender Gleichung berechnet werden:

$$d|AE| = \sqrt{\frac{L_{Stern}}{L_{Sonne}}}$$

d   ist der Durchschnittsradius der bewohnbaren Zone in AE
L_{Stern} ist die bolometrische Leuchtkraft eines Sternes
L_{Sonne} ist die bolometrische Leuchtkraft der Sonne

In der Astronomie ist die bolometrische Helligkeit ein Maß für die Gesamtleuchtkraft eines Himmelskörpers, d.h. die über das gesamte elektromagnetische Spektrum integrierte Leuchtkraft.
Bei einem Stern doppelt so hell wie die Sonne ist der Durchschnittsradius **1,4 AE**.

AE = astronomische Einheit = 149.597.870 Km = Abstand Sonne-Erde

1.6.2 - Katalogdaten für Exoplaneten

Von **603** durch Kepler bis 2013 beobachteten Planetensystemen konnte in **10** Systemen Planeten in habitablen Zonen, nachgewiesen werden. Dieses entspricht einem Anteil von **1,658 %** bzgl. der untersuchten Planetensysteme. Der Wahrscheinlichkeitsfaktor beträgt damit:

$$F_{h1} = 0{,}016.58 = \mathbf{10{:}603} \approx \mathbf{1{:}60}$$

Im September 2015 waren insgesamt **1.952** Exoplaneten bekannt. Nach dem *„Habitable Exoplanets Catalog"* [1] existieren **31** Sternsysteme mit Planeten in habitablen Zonen. Wenn **31** Systeme von **1.952** Systemen habitable Planeten besitzen, entspricht dies einem Anteil von **1,588 %**, also:

$$F_{h2} = 0{,}015.881 = 31{:}\,1.952 \approx 1{:}63$$

Die NASA veröffentlichte am 9. Mai 2016 die neueste Datenlage zum Keplerteleskop. [3] [4] Inzwischen seien insgesamt **2.325** Exoplaneten bekannt. In **550** Systemen befinden sich wahrscheinlich Felsplaneten, wie die Erde. **9** Planeten befinden sich in einer habitablen Zone. Damit beträgt die Wahrscheinlichkeit für habitable Planeten:

$$F_{h3} = 0{,}016.363 = 9{:}550 \approx 1{:}61$$

Nach dem *„Habitable Exoplanets Catalog"* [1] vom Dezember 2017 existieren **53** Sternsysteme mit Planeten in habitablen Zonen.
Wenn von **2.751** bekanten Sternsystemen mit Planeten, **53** Systeme mit habitablen Planeten existieren, dann beträgt die Wahrscheinlichkeit für habitable Planeten:

$$F_{h4} = 0{,}019.265 = 53{:}2.751 \approx 1{:}52$$

Im Juli 2018 waren durch Kepler insgesamt **4302** steinige Exoplaneten bekannt. Nach dem *„Habitable Exoplanets Catalog"* [1] existieren **63** Sternsysteme mit Planeten, in habitablen Zonen. Dieses entspricht einem Anteil von **1,464 %** bzgl. der untersuchten Planetensysteme. Der Wahrscheinlichkeitsfaktor beträgt damit:

$$F_{h2} = 0{,}01464 = \mathbf{63{:}4302} \approx \mathbf{1{:}68}$$

Im Juli 2018 waren insgesamt **3875** verifizierte steinige Exoplaneten bekannt. Nach dem *„Habitable Exoplanets Catalog"* [1] existieren **55** Sternsysteme mit Planeten, in habitablen Zonen. Dieses entspricht einem Anteil von **1,419 %** bzgl. der untersuchten Planetensysteme. Der Wahrscheinlichkeitsfaktor beträgt damit:

$$F_{h3} = 0{,}014.193 = \mathbf{55{:}3875} \approx \mathbf{1{:}70}$$

Aus den Daten von 2013 bis 2018 ergibt sich für die minimale und maximale Wahrscheinlichkeit eines Planeten in der habitablen Zone:

1.6.2.1 Gleichung $0{,}014.193 \leq \mathbf{F_h} \leq 0{,}019.265$

Das sich Differenzen bilden liegt daran, dass wir es hier mit einer wesentlich kleineren Datenpopulation zu tun haben, als bei der Petigura-Untersuchung und die zeitlichen Abstände der Informationen nicht konstant, sowie die einzelnen Informationsquellen auch nicht synchronisiert sind. Geringe Schwankungen sind daher unausweichlich.

Es sei noch einmal darauf hingewiesen, dass die genaue Position einer habitablen Zone, in einem Sonnensystem, vom Sterntypus abhängig ist, d.h. von der Strahlung und der Temperatur des Sterns. Bei den Katalogdaten für Exoplaneten war nicht immer ersichtlich, um welchen Sternentypus es sich handelt.

Erschwerend kommt hinzu, dass das hier gesichtete Datenmaterial in seinen Aussagen nicht homogen ist. Manche Daten sind daher nur schwer zu vergleichen, so dass eine gewisse Filterung vorzunehmen war.

Eine bewährte Methode ist zunächst einmal die Schranken, also die maximalen Abweichungen zu ermitteln, was mit der Gleichung 1.6.2.1 realisiert wird. Als nächstes bildet man den Mittelwert aus den drei Beobachtungsdaten und erhält so:

$$\mathbf{F_{hm}} = 0{,}016.729 \pm 0{,}002536 \approx 1{:}60$$

Was recht gut mit dem Wert $\mathbf{F_{h1}} = 0{,}016.588 = 10{:}603$ aus der Petigura-Untersuchung übereinstimmt. Der Fehler liegt bei 4 Prozent. Wenn man den Petigura-Wert etwas rundet von 10:603 auf 10:600, erhält man 1:60. Was dem Mittelwert 1:60 aus den Beobachtungsdaten entspricht. Zur Vereinfachung aller weiterer Rechnungen kann also mit dem gerundeten Wert aus der Patigura-Untersuchung gearbeitet werden, also:

$$\mathbf{F_h} = 0{,}016.66... = 1{:}60$$

Insgesamt ergibt sich damit eine gute Übereinstimmung der Petigura-Daten mit den inzwischen angefallenen Beobachtungen und den daraus resultierenden Katalogdaten.

Bezogen auf alle Sternsysteme $\mathbf{A}$ in unserer Galaxie ergibt sich die Anzahl $\mathbf{N_h}$ der sonnenähnlichen Sternsysteme, die habitable Planeten besitzen, zu:

1.6.2.2 Gleichung
$$\boxed{\begin{aligned} \mathbf{N_h} &= \mathbf{N_p} \cdot \mathbf{F_h} \\ \mathbf{N_h} &= \mathbf{A} \cdot \mathbf{F_s} \cdot \mathbf{F_p} \cdot \mathbf{F_h} \end{aligned}}$$

Einsetzen der Faktoren in die Gleichung 1.6.2.2 liefert:

1.6.2.3 Satz   **Die Anzahl der sonnenähnlichen Sternsysteme, mit habitablen Planeten, in unserer Galaxie, beträgt wahrscheinlich 6,66 bis 20 Millionen.**

1.7 - Wahrscheinlichkeit für habitable Planeten

Wenn man nur die Planeten betrachtet, dann lässt sich noch eine Gleichung für die Wahrscheinlichkeit eines habitablen Planeten, in einem sonnenähnlichen System, aufstellen.

1.7.1 Definition $$F_{sph} = F_s \cdot F_p \cdot F_h$$

F_{sph} $= 7{:}25 \cdot 1{:}70 \cdot 1{:}60$
F_{sph} $= 0{,}000.066.667 = \textbf{1:15.000}$

Unter **15.000** Sternsystemen existiert ein sonnenähnliches System mit mindestens einem habitablen Planeten.

1.8 - Zusammenfassung

Aus den Keplerwerten, die durch Erik Petigura analysiert wurden, ergeben sich insgesamt folgenden Wahrscheinlichkeiten für die **Häufigkeitsverteilungen von Planeten in sonnenähnlichen Systemen in der Galaxie:**

Symbol	Rate	Faktor	Bezeichnung
F_s	7:25	0,28	G-Sterne
F_p	1:70	0,014.2	G-Sterne mit Planeten
F_h	1:60	0,016.6	G-Sterne mit habitablen Planeten

F_{sph}	1:15.000	0,000.066	Habitable Zone um G-Stern

Diese Faktoren werden in allen weiteren Betrachtungen und Berechnungen als **Grundlage** benutzt.

2 – Auswertung von Katalogdaten

2.1 - Weitere Katalogdaten für Exoplaneten

Im September 2015 waren insgesamt **1.952** Exoplaneten bekannt. Nach dem *„Habitable Exoplanets Catalog"* [1] existieren **31** Sternsysteme mit Planeten in habitablen Zonen. **21** waren Supererden und nur **10** wurden als etwa erdgroß eingestuft. Nur in **4** Systemen konnte man Planeten als entfernt erdähnlich einordnen. [2]

Die NASA veröffentlichte am 9. Mai 2016 die neueste Datenlage zum Keplerteleskop. [3] [4] Inzwischen seien 1.284 neue Exoplaneten entdeckt worden. Somit seien jetzt insgesamt **2.325** Exoplaneten bekannt. In **550** Systemen befinden sich wahrscheinlich Felsplaneten, wie die Erde. **9** Planeten befinden sich in einer habitablen Zone.

Nach dem *„Habitable Exoplanets Catalog"* [1] vom Dezember 2017 existieren **53** Sternsysteme mit Planeten in habitablen Zonen. **30** seien Supererden, **22** sind als etwa erdgroß eingestuft und ein Planet der Klasse Suberde, also Planeten die kleiner als die Erde sind. Nur in **5** von **13** ausgewählten Systemen, konnte man Planeten als entfernt erdähnlich einordnen. [2]

Im Juli 2018 waren insgesamt **3.875** Exoplaneten bekannt. Nach dem *„Habitable Exoplanets Catalog"* [1] existieren **55** Sternsysteme mit Planeten in habitablen Zonen.
32 davon sind Supererden, **16** sind als etwa erdgroß eingestuft und einer ist Planet der Klasse Suberde, also Planeten die kleiner als die Erde sind. Nur in **5** von **16** etwa erdgroßen Systemen, konnte man Planeten als entfernt erdähnlich einordnen. [2]
Von insgesamt **3.875** Exoplaneten sind **992** Supererden, **73** Suberden, **5** Minierden und **717** sind etwa erdgroß. Sowie **809** Neptunians und **1.273** Jovians.

Die Konsistenz der Daten, sowie die weitergehenden Informationen aus den Katalogdaten lassen sich dazu nutzen weitere Wahrscheinlichkeiten, für Untermengen von habitablen Planeten, abzuleiten.
Das sind die Suberden, die Supererden, sowie **etwa erdgroße Planeten und entfernt erdähnliche Planten**, die in den nächsten Abschnitten behandelt werden.

2.2 - Etwa erdgroße Planeten

Etwa erdgroße Planeten sind Planeten mit mindestens einer Erdmasse. Fast alle bisher gefundenen etwa erdgroßen Planeten liegen in einem Bereich von 1,3 bis 4,8 Erdmassen. Die meisten dieser Planeten sind etwas größer als die Erde, oder höchstens doppelt so groß.

Laut dem *„Habitable Exoplanets Catalog"*, vom September 2015, sind 10 von 31 habitablen Planeten etwa erdgroß. Dies entspricht einem Anteil von 32,258 %. Der Wahrscheinlichkeitsfaktor beträgt damit:

$$F_g = 0{,}322.58 = 10{:}31.$$

Laut dem *„Habitable Exoplanets Catalog"*, vom Dezember 2017, sind 22 von 53 habitablen Planeten etwa erdgroß. Dies entspricht einem Anteil von 41,509 %. Der Wahrscheinlichkeitsfaktor beträgt damit:

$$F_g = 0{,}415.094 = 22{:}53.$$

Laut dem *„Habitable Exoplanets Catalog"*, vom Mai 2019, sind 16 von 49 habitablen Planeten etwa erdgroß. Dies entspricht einem Anteil von 32,65%. Der Wahrscheinlichkeitsfaktor beträgt damit:

$$F_g = 0{,}326.530 = 16{:}49$$

Bildet man den Mittelwert aus beiden Informationen so erhält man:

$$F_{gm} = 0{,}354.735 \pm 0{,}046$$
$$\mathbf{F_{gm} = 85.676{:}241.521}$$

2.2.1 Satz   **35,47% aller habitablen Planeten, in sonnenähnlichen Sternsystemen, sind wahrscheinlich etwa erdgroß.**

Dann lässt sich aus Gleichung 1.6.1 für sonnenähnliche Sternsysteme, die habitable Planeten besitzen, ebenfalls eine Beziehung für etwa erdgroße Planeten extrapolieren.

Bezogen auf alle Sternsysteme **A** in unserer Galaxie ergibt sich die

Anzahl N_{hg} der sonnenähnlichen Sternsysteme mit habitablen, etwa erdgroßen Planeten zu:

2.2.2 Gleichung

$$N_{hg} = N_h \cdot F_g$$
$$N_{hg} = A \cdot F_{sph} \cdot F_g$$

Ausgangspunkt sind 100-300 Milliarden Sonnensysteme, in der Galaxie. Einsetzen in die Gleichung 2.2.2 liefert:

2.2.3 Satz　　**Es könnten 2,458 bis 7,376 Millionen, etwa erdgroße, habitable Planeten in sonnenähnlichen Sternsystemen, in der Galaxie existieren.**

Die Wahrscheinlichkeit für habitable, etwa erdgroße Planeten, in sonnenähnlichen Sternsystemen, in der Galaxie, beträgt dann:

2.2.4 Definition　　　$F_{hg} = F_{sph} \cdot F_g$

F_{hg}　　$= F_{sph} \cdot F_g$
F_{hg}　　$= 1{:}15.000 \cdot 1.212{:}3.286$
F_{hg}　　$= 0{,}000.024.589 \approx$ **1:40.668**

Unter etwa **40.668** sonnenähnlichen Sternsystemen existiert eines, mit mindestens einem habitablen, etwa erdgroßen Planeten.

Laut dem *„Habitable Exoplanets Catalog"*, Juli 2018 sind insgesamt **3.875** Exoplaneten bekannt, davon sind **717** etwa erdgroß. Das entspricht einem Anteil von **18,5%**. Der Wahrscheinlichkeitsfaktor beträgt damit F_{hsub} = 717:3875 = 0,185.032 = 1:5,4 $\approx$ 5:27

2.2.5 Satz　　**18,5% aller Planeten, in Sternsystemen, sind wahrscheinlich etwa erdgroß.**

2.3 - Entfernt erdähnliche Planeten

Unter den etwa erdgroßen Planeten gibt es noch eine Menge von Planeten die etwa eine Erdmasse aufweisen, die annähernd erdgroß sind und in der Umlaufdauer um ihr Zentralgestirn, sowie in der Rotationsdauer, eine gewisse Ähnlichkeit mit der Erde besitzen. Solche Planeten werden hier als **entfernt erdähnliche Planeten** bezeichnet.

Laut dem *„Habitable Exoplanets Catalog"*, vom September 2015, sind 4 von 10 habitablen etwa erdgroßen Planeten als entfernt erdähnlich zu bezeichnen.
Dies entspricht einem Anteil von 40%. Der Wahrscheinlichkeitsfaktor beträgt damit:

$$F_a = 0{,}4 = 2{:}5$$

Laut dem *„Habitable Exoplanets Catalog"*, vom Dezember 2017, sind 5 von 13 ausgewählten habitablen etwa erdgroßen Planeten als entfernt erdähnlich zu bezeichnen. Dies entspricht einem Anteil von 38,4%. Der Wahrscheinlichkeitsfaktor beträgt damit:

$$F_a = 0{,}384.615 = 5{:}13$$

Laut dem *„Habitable Exoplanets Catalog"*, vom Mai 2019, sind 5 von 16 ausgewählten habitablen etwa erdgroßen Planeten als entfernt erdähnlich zu bezeichnen. Dies entspricht einem Anteil von 35,7%. Der Wahrscheinlichkeitsfaktor beträgt damit:

$$F_a = 0{,}357.142 = 5{:}16$$

Bildet man den Mittelwert aus den Informationen so erhält man:

$$F_{gm} = 0{,}3657 \pm 0{,}007$$
$$\mathbf{F_{gm} = 1141{:}3120}$$

2.3.1 Satz   **36,57% aller habitablen, etwa erdgroßen, Planeten, in sonnenähnlichen Systemen, sind wahrscheinlich entfernt erdähnlich.**

Dann lässt sich aus Gleichung 2.2.2 für habitable, etwa erdgroße Planeten eine Beziehung für entfernt erdähnliche Planeten extrapolieren.
Bezogen auf alle Sternsysteme **A** in unserer Galaxie ergibt sich die Anzahl N_{ha} der sonnenähnlichen Sternsysteme, mit habitablen, entfernt erdähnlichen Planeten, zu:

2.3.2 Gleichung

$$\boxed{\begin{aligned} N_{ha} &= N_{hg} \cdot F_a \\ N_{ha} &= A \cdot F_{sph} \cdot F_g \cdot F_a \end{aligned}}$$

Ausgangspunkt sind 100-300 Milliarden Sonnensysteme, in der Galaxie, und Einsetzen in die Gleichung 2.3.2 liefert:

2.3.3 Satz **Es könnten 0,964 bis 2,893 Millionen entfernt erdähnliche habitable Planeten in sonnenähnlichen Sternsystemen, in unserer Galaxie, existieren.**

Die Wahrscheinlichkeit für habitable, entfernt erdähnliche Planeten, in sonnenähnlichen Sternsystemen, in der Galaxie, beträgt dann:

2.3.4 Definition $$F_{ha} = F_{hg} \cdot F_a$$
$$F_{ha} = F_{sph} \cdot F_g \cdot F_a$$

$F_{ha} \quad = F_{sph} \cdot F_g \cdot F_a$
$F_{ha} \quad = 1{:}15.000 \cdot 1.212{:}3.286 \cdot 51{:}130$
$F_{ha} \quad \approx \mathbf{1{:}103.664}$

Damit ergibt sich, dass nur etwa jedes **103.664-te** sonnenähnliche Sternsystem einen entfernt erdähnlichen Planten, in der habitablen Zone, hervor bringt.

2.4 - Zusammenfassung

Die bisher gefundenen Planeten stimmen, in der Regel, etwa in der Größe mit der Erde überein, können jedoch auch bis zu doppelt so groß sein.
In der Rotationsdauer sowie der Umlaufzeit gibt es aber ziemliche Abweichungen und die Masse der gefundenen Planeten ist stets größer als die der Erde. Die Schwerkraft ist dort so erhöht, dass kein Erdenmensch dort länger leben könnte. Trotzdem kann nicht ausgeschlossen werden, dass sich dort auch Leben in Form von Flora und Fauna entwickeln könnte.

Unter einer „Erde 2" wird hier ein Planet verstanden, der in seiner Größe, Umlaufzeit, Rotationsdauer und Atmosphäre erdähnlich ist. Weiterhin über Ozeane und Kontinente verfügt und der Erde derart gleicht, so dass Menschen dort leben könnten.

Eine wirkliche „Erde 2" ist bis heute noch **<u>nicht</u>** gefunden worden.

2014 wurde der Exoplanet „*Kepler 186f*" entdeckt. Das ist der Planet der bisher einer zweiten Erde noch am nächsten kommt. Kepler 186f liegt in der habitablen Zone, ist fast erdgroß und umrundet seine Sonne in etwa 130 Tagen. Allerdings ist der Zentralstern also Kepler 186 ein roter Zwerg. Er liegt etwa 500 Lj. von der Erde entfernt.

Alle bis hierhin dargestellten Überlegungen beruhen auf der Auswertung empirischer Daten des Keplerteleskopes und aus Katalogdaten. **Sie stellen somit die reale Situation dar**.

Aus der Analyse der Katalogdaten ergeben sich damit insgesamt die folgenden Wahrscheinlichkeiten für die Häufigkeitsverteilungen von habitablen Planeten:

Symbol	Rate	Faktor	Bezeichnung
F_{hsub}	1:53	0,018.867	Suberden
F_{hsup}	2.043:3.286	0,621.728	Supererden
F_g	1.212:3.286	0,368.837	etwa erdgroße Planeten
F_a	51:130	0,392.307	entfernt erdähnliche Planeten

2.5 - Konventionen und Schreibweisen

In den folgenden Kapiteln werden Planeten in diese sechs Kategorien eingeordnet:

2.5.1 Definition Planetenkategorien

h   **Planeten in (h)abitablen Zonen**
hsup   **(h)abitable (Sup)ererden**
hsub   **(h)abitable (Sub)erden**
g   **habitable, etwa erd(g)roße Planeten**
            können bis zu doppelt so groß wie die Erde sein
            können bis zu vierfache Erdmasse besitzen
a   **habitable, entfernt erd(a)ehnliche Planeten**
            Rotationsdauer, Umlaufzeit weichen von der Erde ab
            Der Mars gehört in diese Kategorie
e   **habitable, (e)rdähnliche Planeten („Erde 2")**

Die Indizes in allen Gleichungen und Betrachtungen dieses Buches sind durchformatiert, mit den folgenden Bedeutungen:

2.5.2 Definition Indizes

s	(s)onnenähnliche
p	(P)lanet
h	(h)abitable Zone
sub	(Sub)erden
sup	(Sup)ererden
g	etwa erd(g)roß
a	entfernt erd(a)ehnlich
e	(e)rdähnlich
L	(L)eben
i	(i)ntelligente Spezies
z	(Z)ivilisation
u	(u)eberlebende Zivilisation
m	(m)enschlich, humanoid
x	nicht sonnenähnliche
RZ	(r)ote (Z)werge

Konvention: Bei sonnenähnlichen Systemen kann der Index **s** gegebenenfalls entfallen, da die nichtsonnenähnlichen durch ein **x** gekennzeichnet sind.

3 – „Erde 2.0"

3.1 - Wie viele „Erden 2" sind wahrscheinlich?

Während bis hierhin alle Überlegungen und Berechnungen auf den empirischen Daten des Keplerteleskopes und Katalogdaten beruhen, daher die reale Situation wiedergeben, ist die Wahrscheinlichkeit F_e für eine **zweite Erde** heute noch eine ungewisse Größe. Der Begriff **„Erde 2"** stammt von der Redewendung *„Erde zwei Punkt Null"* ab.

Aus Gleichung 2.5.2 für sonnenähnliche Sternsysteme, mit habitablen, entfernt erdähnlichen Planeten, weiterentwickelt, beträgt die Anzahl N_{he} der habitablen „Erden 2", in unserer Galaxie, demnach:

3.1.1 Gleichung

$$N_{he} = N_{ha} \cdot F_e$$
$$N_{he} = A \cdot F_{sph} \cdot F_g \cdot F_a \cdot F_e$$
$$N_{he} = A \cdot F_s \cdot F_p \cdot F_h \cdot F_g \cdot F_a \cdot F_e$$

3.2 - Fallunterscheidungen

Es kann eine erste Abschätzung für den Wahrscheinlichkeitsfaktor F_e entwickelt werden.

FALL 1

Die Wahrscheinlichkeit einen erdgroßen Planeten in der habitablen Zone anzutreffen ist F_g = 0,368.837 = 1.212:3.286. Die Wahrscheinlichkeit einen entfernt erdähnlichen Planeten zu finden beträgt F_a = 0,392.3 = 51:130. Die Wahrscheinlichkeit für eine zweite Erde könnte **ansatzweise** in derselben Größenordnung liegen.

Die Wahrscheinlichkeit für eine zweite Erde wird daher mit maximal 30 % angesetzt. Der Wahrscheinlichkeitsfaktor beträgt daher F_{e1} = 0,3 = 3:10. Die Wahrscheinlichkeit, unter habitablen Planeten, eine „Erde 2" zu finden, beträgt demnach:

$$F_{gae1} = F_g \cdot F_a \cdot F_{e1}$$
$$F_{gae1} = 1.212:3.286 \cdot 51:130 \cdot 3:10$$
$$F_{gae1} = 0,043.409 \approx 1:23$$

Das bedeutet: Unter 23 habitablen Planeten sollte eine „Erde 2" zu finden sein. Demnach müssten wir bereits eine zweite Erde gefunden haben. Da dies bisher nicht geschehen ist (bislang sind 53 habitable Planeten bekannt) liegt die Wahrscheinlichkeit F_{e1} = 0,3 zu hoch und kann daher in den weiteren Betrachtungen entfallen.

FALL 2

Die Wahrscheinlichkeit, in der habitablen Zone, einen entfernt erdähnlichen Planeten zu finden, lässt sich wie folgt formulieren:

$$F_{e2} = F_g \cdot F_a$$
$$F_{e2} = 1.212{:}3.286 \cdot 51{:}130$$
$$F_{e2} = 0{,}144.697 \approx 1{:}7$$

Die Wahrscheinlichkeit für einen entfernt erdähnlichen Planeten beträgt 14,46 %. Die Wahrscheinlichkeit für eine zweite Erde wird daher **ansatzweise** mit maximal 10 % gewählt. Der Wahrscheinlichkeitsfaktor beträgt damit F_{e2} = 0,1 = 1:10.

$$F_{gae2} = F_g \cdot F_a \cdot F_{e2}$$
$$F_{gae2} = 1.212{:}3.286 \cdot 51{:}130 \cdot 1{:}10$$
$$F_{gae2} = 0{,}014.469 \approx 1{:}69$$

Das bedeutet: Unter 69 habitablen Planeten sollte eine „Erde 2" zu finden sein. Da 53 habitable Planeten bekannt sind müssten wir demnach kurz davor stehen, in den nächsten Jahren, eine zweite Erde zu finden.

FALL 3

Die, durch das Keplerteleskop bestimmte Anzahl der sonnenähnlichen Systeme mit Planeten beträgt 1,435.7 %. Die Anzahl der Sonnen, mit Planeten, in habitablen Zonen beträgt 1,658 %.
Die Wahrscheinlichkeit für eine zweite Erde wird daher **ansatzweise** minimal mit 1 % gewählt. Der Wahrscheinlichkeitsfaktor beträgt damit F_{e3} = 0,01 = 1:100.

$$F_{gae3} = F_g \cdot F_a \cdot F_{e3}$$
$$F_{gae3} = 1.212{:}3.286 \cdot 51{:}130 \cdot 1{:}100$$
$$F_{gae3} = 0{,}001.446 \approx 1{:}684$$

Unter 684 habitablen Planeten sollte eine „Erde 2" zu finden sein.

3.3 - Konsequenzen

Die Fälle **2** und **3** aus der Fallunterscheidung lassen sich anwenden, um eine Minimum-Maximum-Aussage zu erhalten.

Einsetzen aller Werte (F_e = 0,1) in die Gleichung 3.1.1 liefert:

N_{he1} = (100-300)·10^9 · 1:15.000 · 1.212:3.286 · 51:130 · 1:10
N_{he1} = 96.465 – 289.395   habitable „Erden 2"

Einsetzen aller Werte (F_e = 0,01) in die Gleichung 3.1.1 liefert:

N_{he2} = (100-300)·10^9 · 1:15.000 · 1.212:3.286 · 51:130 · 1:100
N_{he2} = 9.646 – 28.939   habitable „Erden 2"

Die beiden Ergebnisse lassen sich dann zusammenfassen, zu folgender Aussage:

3.3.1 Satz: Es existieren wahrscheinlich 9.600 bis 289.000 „Erden 2", in sonnenähnlichen Sternsystemen, in unserer Galaxie.

Die Wahrscheinlichkeit für einen habitable, erdähnliche Planeten, in sonnenähnlichen Sternsystemen, in der Galaxie, beträgt dann:

3.3.2 Definition $F_{he} = F_{sph} \cdot F_g \cdot F_a \cdot F_e$
$F_{he} = F_s \cdot F_p \cdot F_h \cdot F_g \cdot F_a \cdot F_e$

F_{he} $= F_{sph} \cdot F_g \cdot F_a \cdot F_e$
F_{he} = 1:15.000 · 1.212:3.286 · 51:130 · (1:10-1:100)
F_{he} = 1:1.036.643 – 1:10.366.433

Nur jedes **1,036 – 10,366 Millionste** Sternsystem besitzt einen wirklich erdähnlichen Planeten.

Betrachtet man nur die habitablen etwa erdgroßen Planeten, dann kann man noch eine Wahrscheinlichkeit für die Ähnlichkeit zu einer „Erde 2" aufstellen.

3.3.3 Definition $\boxed{F_{gae} = F_g \cdot F_a \cdot F_e}$

Es lassen sich zwei Werte generieren:

F_{gae1} = 1.212:3.286 · 51:130 · 1:10 ≈ **1:69**
F_{gae2} = 1.212:3.286 · 51:130 · 1:100 ≈ **1:691**

Nach Definition 1.7.1 gilt bereits:

$$F_{sph} = F_s \cdot F_p \cdot F_h$$

Dann lässt sich Gleichung 3.1.1 für eine „Erde 2", auch so wiedergeben:

3.3.4 Gleichung	$N_{he} = A \cdot F_s \cdot F_p \cdot F_h \cdot F_g \cdot F_a \cdot F_e$ $N_{he} = A \cdot F_{sph} \cdot F_{gae}$

F_{sph} = 1:15.000   Faktor für eine habitable Zone
F_{gae} = 1:69 bis 1:691   Faktor für Erdähnlichkeit

3.4 - „Wieviel Sternlein stehn?"

Die Frage die hier entsteht lautet: Wie viele Sterne muss man untersuchen, um eine „Erde 2" zu finden?
Es lassen sich wieder zwei Fälle unterscheiden, da die Wahrscheinlichkeit F_e, für erdähnliche Planeten, minimal 0,01 und maximal 0,1 betragen kann.

FALL 1 (F_e = 0,1)

Die Wahrscheinlichkeit, unter habitablen Planeten, eine „Erde 2" zu finden:

F_{gae1} = $F_g \cdot F_a \cdot F_{e1}$
F_{gae1} = 1.212:3.286 · 51:130 · 1:10
F_{gae1} = 0,014.469 ≈ **1:69**

Das heißt: **unter 69 habitablen Planeten** ist eine „Erde 2" zu finden.

Um diese habitablen Planeten zu finden müssten etwa 4.140 sonnenähnliche Sternsysteme untersucht werden, die Planeten besitzen. Das wären etwa 289.800 sonnenähnliche Sternsysteme. Dazu müsste man, mit dem Keplerteleskop, dann insgesamt 1,035 Millionen Sternsysteme untersuchen. Das ist etwa das **6,9-fache** der bisher untersuchten Sternenmenge.

Konsequenz 1

Unter etwa 1,05 Millionen Sternsystemen ist wahrscheinlich ein System zu finden, welches eine „Erde 2" enthält. Das entspricht gerundet der **6,9-fachen** Menge an Sternen, die durch das Keplerteleskop bisher untersucht worden sind.

FALL 2 (F_e = 0,01)

Die Wahrscheinlichkeit, unter habitablen Planeten, eine „Erde 2" zu finden beträgt:

$$F_{gae2} = F_g \cdot F_a \cdot F_{e2}$$
$$F_{gae2} = 1.212{:}3.286 \cdot 51{:}130 \cdot 1{:}100$$
$$F_{gae2} = 0,001.446.9 \approx \mathbf{1{:}691}$$

Das bedeutet: **unter 691 habitablen Planeten** ist eine „Erde 2" zu finden.
Um diese habitablen Planeten zu finden, muss man 41.460 sonnenähnliche Sternsysteme untersuchen, die Planeten besitzen.
Somit müssten 2.902.200 sonnenähnliche Sternsysteme und insgesamt 10,365 Millionen Sternsysteme beobachtet und analysiert werden. Das ist das **69-fache** der bisher untersuchten Sternenmenge.

Konsequenz 2

Unter etwa **10,365 Millionen** Sternsystemen ist wahrscheinlich ein System zu finden, dass eine „Erde 2" enthält. Das ist die **69-fache** Menge an Sternen, die bisher durch das Keplerteleskop untersucht worden sind.
Beide Fälle zusammengefasst ergibt folgende Aussage:

3.4.1 Satz **Die 6,9-fache bis 69-fache Menge an Sternen, die mit dem Keplerteleskop bis 2013 untersucht worden sind, werden noch benötigt um eine „Erde 2" zu finden.**

Aktuell findet, durch neuere Satelliten (TESS) und verfeinerte Technologien, eine fast exponentielle Erfassung von Planeten statt.
TESS (siehe Seite 152) soll das 350fache an Sternsystemen untersuchen wie Kepler. Es ist daher damit zu rechnen, dass innerhalb **der nächsten Jahre** eine zweite Erde gefunden wird.

3.5 - Statistik

Es ergeben sich damit insgesamt die folgenden Wahrscheinlichkeiten für die Häufigkeitsverteilungen von sonnenähnlichen Sternsystemen mit habitablen Planeten:

Symbol	Rate	Faktor	Bezeichnung
F_s	7:25	0,28	sonnenähnliche Sterne
F_p	201:14.000	0,014.357	Sterne mit Planeten
F_h	10:603	0,016.583	Planeten in habitablen Zonen
F_g	1.212:3.286	0,368.837	etwa erdgroße Planeten
F_a	51:130	0,392.307	entfernt erdähnliche Planeten
F_e	1:100 – 1:10	0,01-0,1	erdähnliche Planeten

Symbol	Rate	Faktor	Bezeichnung
F_{sph}	1:15.000	0,000.066	Habitable Zone um G-Stern
F_{gae}	1:691 – 1:69	0,0014-0,014	Erdähnlichkeit

Statistisch gesehen benötigte man etwa **zehn** „Erden 2" um **signifikante** Wahrscheinlichkeiten zu erhalten.

Dazu müsste die 69-fache bis 691-fache Menge an Sternen untersucht werden, die durch den Keplersatelliten bisher erfasst worden sind.

2013 wurden mit dem Keplerteleskop 150.000 Sternsysteme untersucht. Statistisch gesehen ist das eine Datenpopulation, die groß genug ist, um signifikante Zahlen zu erhalten.

Es darf angenommen werden, dass bei weiteren Untersuchungen mit größeren Populationen und erweiterten Messmethoden, die ermittelten Wahrscheinlichkeiten (bis auf F_e) **für sonnenähnliche Systeme** sich nur noch geringfügig ändern werden.

Bei genügender Signifikanz der Daten wandeln sich die Wahrscheinlichkeitsfaktoren zu einfachen Verteilungs- bzw. Häufigkeitswerten und damit wird Wahrscheinlichkeitsmodell zum einfachen **Verteilungsmodell**.

Ausgehend von der derzeitigen Geschwindigkeit mit der Exoplaneten erfasst werden, kann es allerdings noch einige Jahre maximal Jahrzehnte dauern, bis hier empirisch signifikante Zahlen vorliegen.

Die Zeit bis zur Entdeckung einer zweiten Erde ist sogar ein Maß für die Häufigkeit: Je länger es dauert eine „Erde 2" zu finden, umso geringer ist die Wahrscheinlichkeit F_e für eine zweite Erde.

4 – Belebte Planeten in unserer Galaxie

4.1 - Planetare Voraussetzungen für Leben

Im vorherigen Kapitel konnte geklärt werden, wie viele erdähnliche Planeten existieren, die eine Grundlage für Leben bieten könnten.
Die Voraussetzungen für Leben ist das Vorhandensein von **Grundbaustoffen**, wie Kohlenstoff, Stickstoff, Sauerstoff, Schwefel, Phosphate und Spurenelemente. Und natürlich Wasser.

4.1.1 Axiom   **Wenn im Universum die Grundbaustoffe und geeignete Reaktionsumgebungen vorhanden sind, dann entstehen dort auch die Grundbausteine des Lebens, wie z.B. Aminosäuren.**

4.1.2 Axiom   **Die Grundbausteine des Lebens werden, bei geeigneten Bedingungen, überall im Universum erzeugt.**

Planetare Voraussetzungen für Leben sind:

1) Stabile Umlaufbahn (in habitabler Zone)

Eine Umlaufbahn in der **habitablen** Zone ist notwendig damit sich Temperaturverhältnisse ergeben, die für Leben geeignet sind. Ferner muss die Umlaufbahn über eine gewisse zeitliche Stabilität verfügen, da sich sonst Klima und Wetterverhältnisse zu drastisch ändern würden.
Schon kleine Veränderungen in der Umlaufbahn erzeugen langperiodische klimatische Wechsel, in deren Folge immer wieder Eiszeiten auftreten können.
Der Abstand des Planeten muss in der Art und Weise gere-

gelt sein, dass Gravitation und Größe des Planeten so dimensioniert sind, dass sich erstens eine stabile Atmosphäre entwickeln kann und zweitens, dass der Tripelpunkt des Wassers stabil ist. Das ist ein fixer Bereich zwischen fest, flüssig oder gasförmig, der sich aus Abstand, Gravitation (Masse der Planeten zueinander), sowie durch Zentrifugal- und Zentripetalkräfte ergibt. [1]

2) Stabile Rotationsachse

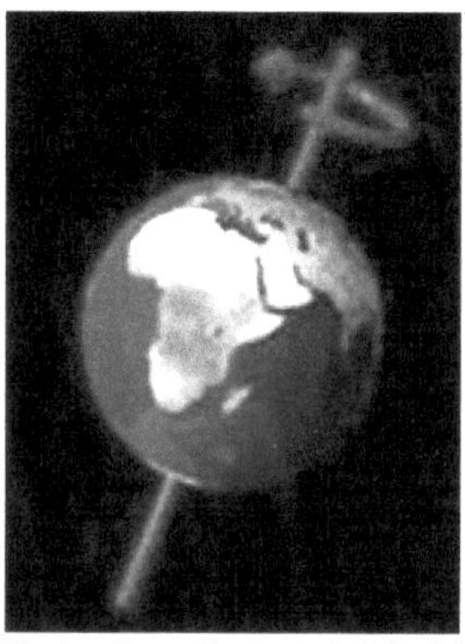

Eine **stabile Rotationsachse** ist notwendig, um geregelte und stabile Jahreszeiten zu erhalten. Wobei die Neigung dieser Achse die Jahreszeiten bestimmt. [2]
Die Neigung der Achse sollte nicht zu groß sein und die Präzession sollte auch nicht zu groß ausfallen, um größere Klima- und Wetterwechsel zu vermeiden. Ebenso sollte die Dauer der Präzession nicht zu kurz sein. Die Neigung der Erdachse beträgt **23,44°** gegenüber der Erdumlaufbahn und die Präzession beträgt **25.800 Jahre**.

Der **Mond** hat, außer zur Stabilisierung der Rotationsachse, über die Gezeiten der Ozeane ebenfalls Einfluss auf die Erde und damit auch auf Klima und Wetter.
Der Mond hat einen Durchmesser von **3476 km** und ist **384.400 km** von der Erde entfernt. Nach einem siderischen Monat (27,32 Tage) nimmt der Mond wieder die gleiche Stellung zu den Fixsternen ein. Da er sich dabei auch einmal um sich selbst dreht, kehrt er der Erde immer dieselbe Seite zu.

Für eine **stabile** Rotationsachse gibt es folgende Möglichkeiten:

a)   ein oder mehrere Monde sind vorhanden
b)   ein Zwei-Planetensystem
c)   als Mond eines wesentlich größeren Planeten

3) Stabiles Magnetfeld, elektrisches Feld (Triggersignale, Vulkanismus)

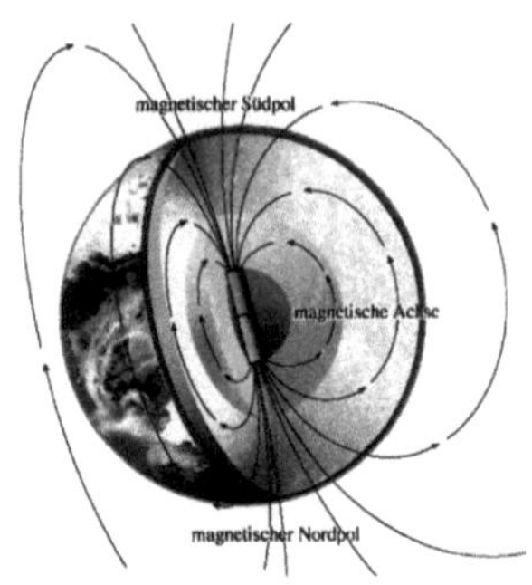

Ein (elektro)**magnetisches Feld**, das über eine gewisse zeitliche Stabilität verfügt, um einen Planeten [3] ist zwingend, um selektiv vor kosmischer Strahlung und / oder Sonnenwind zu schützen.

Es werden nur definierte Anteile des Partikelstroms aus geladenen Teilchen solaren Ursprungs (sowie Anteile des Lichts von IR, über sichtbar, bis UV) hindurch gelassen. Das sind die *„Solarfrequenzen"*. Für diese spezifischen Frequenzen existieren definierte Atmosphärenfenster. [4]

Das Magnetfeld der Erde wird durch rotierende Magmamassen im Inneren des Planeten erzeugt. Das ist mit ein Grund, warum gleichzeitig Vulkanismus und auch Plattentektonik vorkommen, welche bei der Gestaltung des Lebens eine wichtige Rolle spielen. Dieses magnetische Feld enthält die „Geomagnetfrequenzen".

Ein weiteres essentiell lebensnotwendiges Triggersignal ist die *„Schumann-Frequenz"* (7,83 Hz).

Die Schumann-Frequenz entsteht dadurch, dass sich zwischen Ionosphäre und Erdoberfläche eine stehende Welle mit einer Hohlraum-Resonator-Frequenz ausbildet. [5]

Die Frequenz ist eine Konsequenz aus dem Abstand Ionosphäre-Erdoberfläche und Umfang. Insofern ist eine stabile Ionosphäre sogar eine Voraussetzung und die Schumann-Frequenz eine Folge daraus.

Diese „Geomagnetfrequenzen" sind in Verbindung mit den „Schumann"- und „Solarfrequenzen" essentielle Signale, damit sich so eine hochkomplexe Struktur, wie die der Erbsubstanz als „Blaupause" und der Aufbau von hochspezifischen Organen, Enzymen, Proteinen und vor allem Nerven eindeutig und einwandfrei geleistet werden und die Funktion aller Teile und Elemente miteinander einwandfrei funktionieren kann. [6]

Diese Signale sind für die Entwicklung von Lebewesen zur Synchronisation aller Struktur gebenden, organischen, nervalen und mentalen Prozesse erforderlich. Insgesamt wird daher ein elektromagnetisches Feld benötigt, das über eine gewisse zeitliche Stabilität verfügt. Daraus folgt: der Geodynamo muss über Milliarden von Jahren aktiv bleiben.

Ein Beispiel, wenn der Geodynamo frühzeitig zum Stillstand kommt, ist der Mars. Einst erdähnlich mit Kontinenten, Ozeanen und Atmosphäre wurde daraus, durch das Ausfallen des Geodynamos und damit des Magnetfeldes, ein trockener ausgedörrter Planet.

4) Stabile Atmosphäre
(Licht, Abschirmung UV-Strahlung, Klima, Wetter)

Eine **stabile Atmosphäre** ist notwendig, um vor UV-Strahlung und kleineren Asteroiden bzw. Kometen schützen zu können.

Außerdem wird durch die Atmosphäre eine bessere Lichtverteilung erreicht.

Zusätzlich bedingt die Atmosphäre auch Klima und das Wetter. [7] [8] Eine langzeitlich stabile Atmosphäre, mit den dazu gehörigen Klimasystemen, verhindert einen irreversiblen Treibhauseffekt, [9] wie er auf der Venus aufgetreten ist. Eine Atmosphäre wird ebenfalls gebraucht, damit sich Pflanzen und Lebewesen entwickeln können.

5) Wasser (Ozeane, Wetter, Klima)

Wasser wird zur Entstehung des Lebens benötigt und Lebewesen brauchen Wasser zum leben. [10]

Das Vorhandensein von Wasser bedingt **Ozeane** und diese haben wiederum Einfluss auf das Wetter und Klima des Planeten. Gesamt sind **71 %** der Erdoberfläche von Meeren d.h. den Ozeanen und deren Nebenmeeren bedeckt. Etwa **3 %** des auf der Erde vorhandenen Wassers ist Süßwasser. Das meiste davon existiert als gefrorenes Eis an den Polen. Als Trinkwasser können nur etwa **0,03 %** des weltweiten Wasservorkommens genutzt werden.

6) Kontinente (Pflanzen, Klima, Wetter)

Durch rotierende Magmamassen im Inneren des Planeten werden Vulkanismus und damit ebenfalls Plattentektonik erzeugt. Dadurch entstehen **Kontinente.** [11]
Kontinente werden benötigt, damit sich Pflanzen und Lebewesen entfalten können. Die Wanderung der Kontinente verändert Fauna und Flora. Gerade an den Plattenrändern kann es zu vulkanischen Tätigkeiten kommen. Außerdem haben Kontinente Einfluss auf Klima und Wetter.

7) Grundbaustoffe (chemische Elemente)

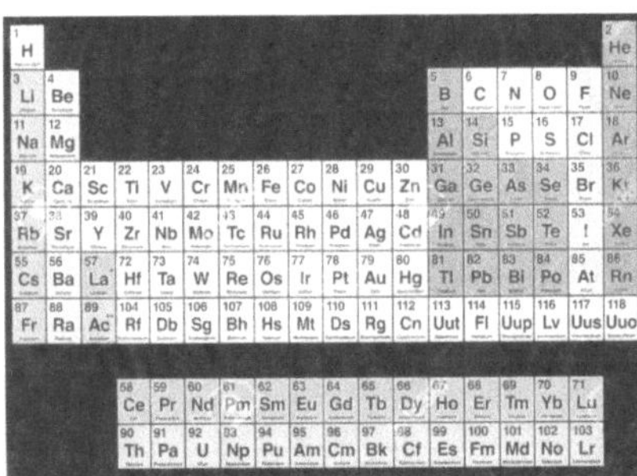

Es sind eine Reihe von **chemischen Elementen** und deren Verbindungen, wie etwa Salze und Minerale erforderlich, um Leben hervorbringen zu können. [12]
Auf der Erde existieren **4603** Minerale.

8) Grundbausteine des Lebens (Aminosäuren)

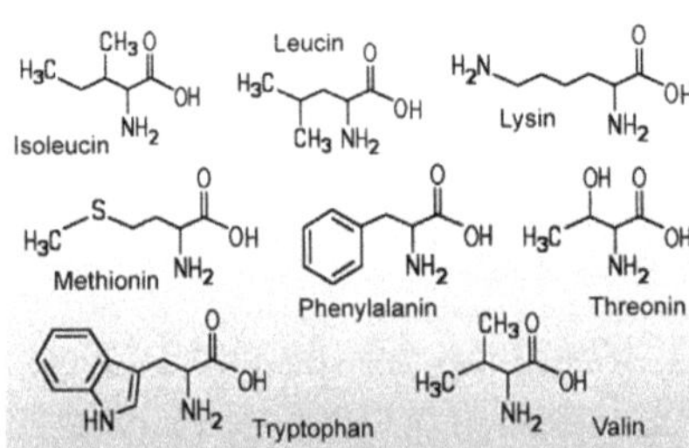

Die Bausteine des Lebens sind die **Aminosäuren.**
Diese müssen vorhanden sein damit sich Leben entwickeln kann. [13]
Es existieren **21** Aminosäuren. Vier davon, werden in der **DNS** verwendet, nämlich Adenin, Cytosin, Guanin und Thymin.

4.1.3 Axiom

Sind auf einem Planeten die planetaren Voraussetzungen für Leben gegeben, dann entwickelt sich dort auch Leben.

Bei der Prämisse einer Biochemie und Biophysik, beruhend auf dem Periodensystem der Elemente und ebenfalls der „Codon-Triplet-Anleitung" zum Bau von funktionalen Einheiten, auf der Basis von Proteinstrukturen ist die DNS ein universeller Bauplan für die Entwicklung einer Spezies. (siehe dazu Teil 3 Kapitel 1)
Eine andere Möglichkeit Leben auf einen Planeten zu befördern ist die Panspermie. In dieser Untersuchung ist es allerdings unerheblich ob Leben durch Panspermie oder Selbstevolution entsteht, da in beiden Fällen die planetaren Voraussetzungen gegeben sein müssen.

4.2 - „Erden 2" mit Leben

Es sind **8** Komponenten notwendig, damit Leben möglich werden kann und sich auch, mit all seinen Möglichkeiten, entwickeln kann.

Damit können auch 8 Fehlschläge auftreten. Somit ist die Chance, dass Leben entsteht 1 zu 9. Das entspricht einem Anteil von **11,11 %**. Der Wahrscheinlichkeitsfaktor beträgt demnach $F_L = 0,111 = 1{:}9$. Weiterentwickelt aus Gleichung 3.1.1 ergibt sich für die Anzahl N_{Le} belebter „Erden 2" in sonnenähnlichen Systemen:

4.2.1 Gleichung

$$N_{Le} = N_{he} \cdot F_L$$
$$N_{Le} = A \cdot F_{sph} \cdot F_{gae} \cdot F_L$$
$$N_{Le} = A \cdot F_s \cdot F_p \cdot F_h \cdot F_g \cdot F_a \cdot F_e \cdot F_L$$

Da für F_e bzw. F_{gae} zwei Werte existieren, lässt sich auch hier wieder eine Minimal-Maximal Aussage generieren:

Einsetzen aller Werte ($F_e = 0,1$) in die Gleichung 4.2.1 liefert:

$N_{Le1} = (100\text{-}300){\cdot}10^9 \cdot 1{:}15.000 \cdot 1{:}69 \cdot 1{:}9$
N_{Le1} = 10.735 – 32.206 habitable „Erden 2" mit Leben

Einsetzen aller Werte ($F_e = 0,01$) in die Gleichung 4.2.1 liefert:

$N_{Le2} = (100\text{-}300){\cdot}10^9 \cdot 1{:}15.000 \cdot 1{:}691 \cdot 1{:}9$
N_{Le2} = 1.072 – 3.216   habitable „Erden 2" mit Leben

Die beiden Ergebnisse lassen sich dann zusammenfassen, zu folgender Aussage:

4.2.2 Satz   Die Anzahl der sonnenähnlichen Sternsysteme, mit einer habitablen „Erde 2", in der Galaxie, die Leben tragen könnten, ergibt sich wahrscheinlich zu 1.072 bis 32.206.

Die Wahrscheinlichkeit für eine „Erde 2" mit Leben, in einem sonnenähnlichen Sternsystem, in unserer Galaxie, beträgt dann:

4.2.3 Definition

$$F_{Le} = F_{sph} \cdot F_{gae} \cdot F_L$$
$$F_{Le} = F_s \cdot F_p \cdot F_h \cdot F_g \cdot F_a \cdot F_e \cdot F_L$$

F_{Le} $= F_{sph} \cdot F_{gae} \cdot F_L$
F_{Le} $= 1{:}15.000 \cdot (1{:}69 - 1{:}691) \cdot 1{:}9$
F_{Le} $= 1{:}9.315.000 - 93.285.000$

Nur jedes **9,315 – 93,285 Millionste** Sternsystem besitzt dann einen wirklich erdähnlichen, belebten Planeten.

110

5 – Intelligente Spezies in unserer Galaxie

5.1 - Globale Katastrophen

Um heutzutage abschätzen zu können, welche Chancen eine Spezies hätte, um sich bis zu einer Zivilisation entwickeln zu können, steht uns nur die Erde zur Verfügung. Daher wird in diesem Kapitel die Entwicklung auf diesem Planeten betrachtet, um eine Einschätzung der Wahrscheinlichkeiten formulieren zu können.

1) Vor cirka 2,4 Milliarden Jahren ereignete sich die „Große Sauerstoffkatastrophe", die durch Cyanobakterien verursacht wurde. Das Erscheinen freien Sauerstoffs in den Gewässern der Erde und der Erdatmosphäre war für die damaligen anaeroben Lebewesen giftig. Die meisten anaeroben Lebewesen wurden dabei ausgelöscht. [1]

   Die heutige, teilweise noch kontrovers diskutierte, Endosymbiontentheorie besagt, dass eine Phase erfolgte in der Einzeller (Prokaryoten), die den atmosphärischen Wandel überstanden hatten, sich bis zur heutigen Zellstruktur entwickeln konnten. Dies gelang – so die Theorie – in dem sie sich bei den sich entwickelnden Mehrzellern (Eukaryoten) inkorporierten. Das „Wie" ist nicht beschrieben! Diese Zellformation stellt heute das uns bekannte Zellsystem dar, als Zelle mit Zellkern mit DNS und inkorporiertem Mitochondrium (Einzeller) mit eigener Zell-DNS, mit dem sie in Symbiose lebt und sich durch Zellteilung vermehrt. Das bedeutet, jede unserer Körperzellen ist ein Symbiont aus „urgeschichtlicher Entwicklung". Also ein Einzeller im Mehrzeller. Beide „Energiegewinnungssysteme" (ATP, NADP+/NADPH) [Otto Warburg, 1931] sind miteinander verflochten und haben in Teilen ihre Fähigkeit behalten autonom arbeiten zu können. [2]

2) Vor etwa 1 Milliarde Jahren entstand der „Schneeball-Erde", das ist eine hypothetische Vereisung des gesamten Planeten während der Erdurzeit im **Neoproterozoikum**. [3]

   Dies bedingte die Entstehung der Eukaryoten, vielzelliger Organismen und der sexuellen Fortpflanzung. [4]

3) Vor cirka 485 Millionen Jahren am Ende des **Kambriums** [5] starben rund 80 % aller Tier- und Pflanzenarten aus, darunter die Trilobiten (Dreilappkrebse), aber auch Conodonten oder Brachiopoden (Armfüßer). Auslöser waren vermutlich ein Klimawandel und/oder Meeresspiegelschwankungen. [6]

4) Vor cirka 444 Millionen Jahren – im oberen **Ordovizium** [7] – kam es zu einem Massenaussterben, welches 50 % aller Ar-

ten betraf. Es verschwanden u.a. viele Brachiopoden.

Dieses Aussterbeereignis wird mit den Folgewirkungen der Strahlung einer wahrscheinlich erdnahen Supernova in Verbindung gebracht. [6]

5) Vor etwa 360 Millionen Jahren, im oberen **Devon**, [8] starben erneut 50 % aller Arten, weil der Sauerstoffgehalt im Wasser sank. Es überlebten nur Tiere, die sich anpassen oder auch Sauerstoff außerhalb des Wassers aufnehmen konnten. Die Zeit der Amphibien war angebrochen. [6]

6) Vor cirka 252 Millionen Jahren an der **Perm-Trias-Grenze** [9] starben 95 % aller meeresbewohnenden Arten sowie ca. 66 % aller landbewohnenden Arten (Reptilien- und Amphibienarten) aus. Auch ein Drittel aller Insektenarten starb aus, das einzige bekannte Massenaussterben von Insekten in der Erdgeschichte. Es begann dann das Zeitalter der Therapsiden. Das sind säugetierähnliche Reptilien.

   Die meisten Wissenschaftler machen heute einen ausgedehnten Flutbasalt (Trapp), der sich bei Vulkanausbrüchen bildet, dafür verantwortlich – den „sibirischen Trapp". [10]

7) Vor cirka 200 Millionen Jahren, am Ende der **Trias**, [11] starben 50 bis 80 % aller Arten aus, u.a. fast alle Landwirbeltiere. Es folgte das Zeitalter der Dinosaurier.

   Es werden Magmafreisetzungen, vor dem Auseinanderbrechen des Pangea-Kontinentes vermutet, bzw. die Vergiftung der flachen, warmen Randmeere durch große Mengen von Schwefelwasserstoff, nachdem gewaltige Vulkanausbrüche große Mengen an Kohlendioxid und Schwefeldioxid freigesetzt hatten. [6]

8) Vor etwa 66 Millionen Jahren an der **Kreide-Tertiär-Grenze** [12] (gleichzeitig Übergang vom Erdmittelalter zur Erdneuzeit) starben rund 50 % aller Tierarten aus, darunter mit Ausnahme der Vögel auch die Dinosaurier. Es begann das Zeitalter der Säugetiere. Als Ursache gilt der Einschlag eines Meteoriten. [6]

9) Vor etwa 33,9 Millionen Jahren fand im Rahmen der so genannten *„Grande Coupure"* eine Abkühlung des globalen Klimas statt, der sich an der Wende **Eozän/Oligozän** [13] [14] (Grenze **Priabonium/Rupelium**) ereignete. [15] [16]

   Mit damit verbundenem Artensterben und einer Veränderung der Fauna, dem ein Großteil der damaligen Primaten (Herrentiere), Palaeotherien (frühe Pferde), Creodonta (Urraubtiere) und andere Tiergruppen zum Opfer fielen. [17]

10) Vor cirka 74.000 bis 75.000 Jahren entstand ein **genetischer Flaschenhals** bei der Menschheit.

Als eine mögliche Ursache wird die Toba-Katastrophentheorie diskutiert, durch welche die Menschheit auf ein paar tausend Menschen reduziert wurde, als der Toba-Vulkan auf Sumatra (Indonesien) ausbrach. [18]

11) Vor cirka 13.000 Jahren, seit dem Ende des oberen **Pleistozän**, [19] teilweise auch noch im **Holozän**, [20] starb im Verlauf einer Quartären Aussterbewelle der Großteil der Megafauna Amerikas, Eurasiens und Australiens aus.

Es gibt Hinweise auf den Einschlag eines Meteoriten, (oder Teil eines Kometen), der vor etwa 13.000 Jahren die Großsäuger reduzierte. [6]

Das sind zusammen elf große, bekannte Ereignisse, bei denen auch die gesamte Biosphäre der Erde hätte vernichtet werden können. Insofern kann man die Ursachen für diese Ereignisse als **planetare Entwicklungsgefahren** einstufen.

5.2 - Planetare Entwicklungsgefahren

Nimmt man diese Ereignisse bzw. deren Ursachen als Grundlage und fragt sich dann weiter, welche kosmischen und planetaren Gefahrenquellen in Betracht kommen, so ergibt sich eine ganze Liste von Möglichkeiten:

1   **Kosmische Strahlung**
2   **Gammablitz**
3   **Supernova**
4   **Sonneneruption**
5   **Asteroideneinschlag**
6   **Kometeneinschlag**
7   **Geisterplaneten, vagabundierende Sterne**
8   **Eisplanet (Schneeball Erde)**
9   **Klimawandel**
10 **Atmosphärenwandel**
11 **Wandel des Meeresspiegels**
12 **Vulkanismus**
13 **Supervulkan**

1) Kosmische Strahlung

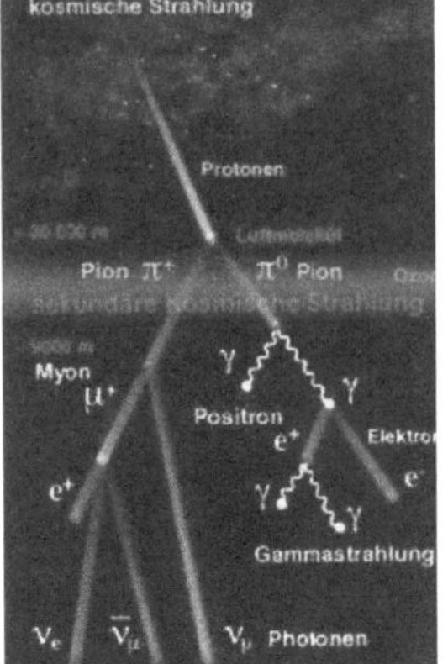

Die **kosmische Strahlung** ist eine hochenergetische Teilchenstrahlung, die von der Sonne, der Milchstraße und von fernen Galaxien kommt.

Sie besteht vorwiegend aus Protonen, sowie aus Elektronen und vollständig ionisierten Atomen.

Auf die äußere Erdatmosphäre treffen ca. 1000 Teilchen pro Quadratmeter und Sekunde. Durch Wechselwirkungen mit den Gasmolekülen entstehen Teilchenschauer. [21]

2) Gamma-Blitz

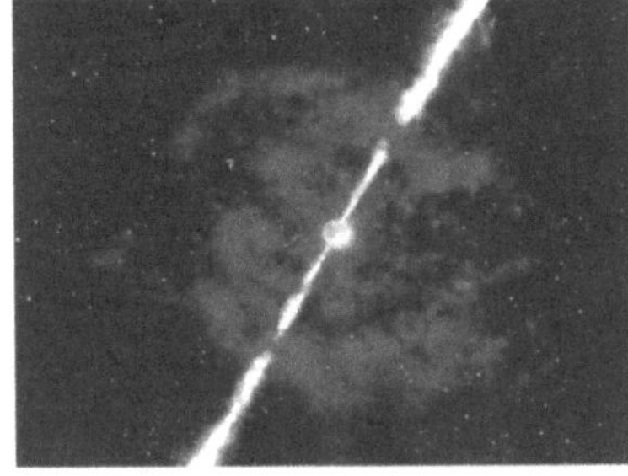

Gammablitze sind Energieausbrüche sehr hoher Leistung im Universum.

Es gehen große Mengen von elektromagnetischer Strahlung von ihnen aus.

Die Explosionen von Supernovae sind eine mögliche Ursache für Gammablitze. [22]

3) Supernova

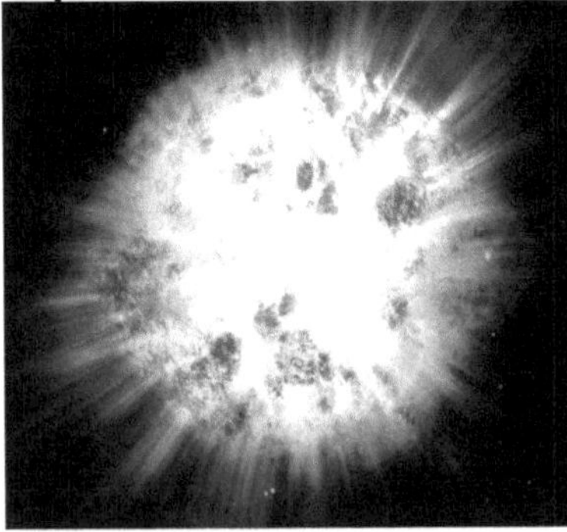

Eine **Supernova** ist das kurzzeitige und helle Aufleuchten einer massereichen Sonne, am Ende ihrer Lebenszeit.

Ursache ist die Explosion der Sonne. Dabei wird der ursprüngliche Stern vernichtet. Für kurze Zeit wird die Leuchtkraft des Sterns hell wie eine ganze Galaxie. [23]

4) Sonneneruption

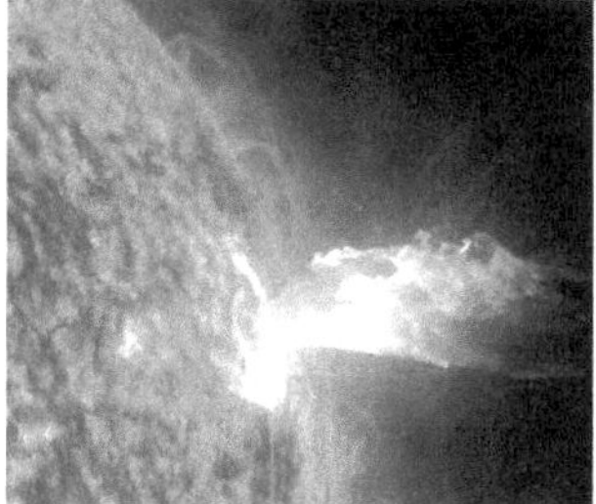

Eine **Sonneneruption** ist ein Gebilde erhöhter Strahlung innerhalb der Chromosphäre der Sonne, das durch Magnetfeldenergie gespeist wird.
Es kann zu erhöhten Masseausstoß kommen, auch als koronaler Massenauswurf bezeichnet. [24]

5) Asteroideneinschlag

Als **Asteroiden** werden astronomische Kleinkörper bezeichnet, die sich auf sogenannten keplerschen Umlaufbahnen um die Sonne bewegen.
Bislang sind 742.836 Asteroiden im Sonnensystem bekannt. [25]

6) Kometeneinschlag

Kometen sind wie Asteroiden Überreste der Entstehung des Sonnensystems.
Sie bestehen hauptsächlich aus Eis, Staub sowie lockerem Gestein.
Sie bildeten sich in den äußeren, kalten Bereichen des Sonnensystems, in der sogenannten *Oortschen Wolke*. [26]

7) Geisterplaneten, vagabundierende Sterne

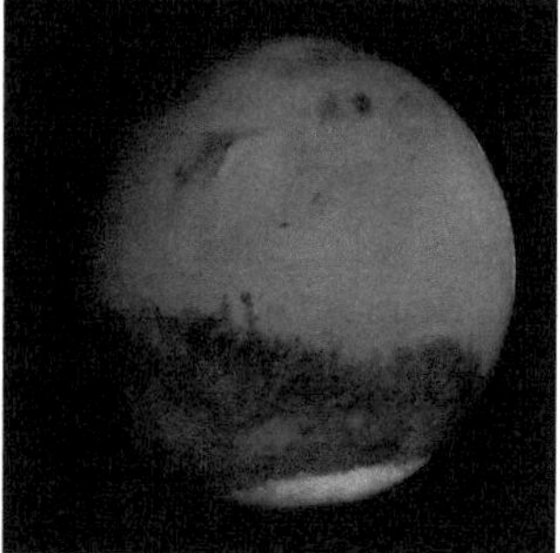

Geisterplaneten sind freie Planeten in der Galaxie, ohne Bindung an ein Sternsystem. [27]
Es kommen noch **vagabundierende Sterne** hinzu, wie etwa braune Zwerge, Pulsare, Neutronensterne, Magnetare und schwarze Löcher. Es soll mehrere hundert freie schwarze Löcher in unserer Galaxie geben.

115

8) Eisplanet (Schneeball Erde)

Der **Schneeball Erde** bedeutet, dass bei einer Eiszeit Gletscher von den Polen bis zum Äquator vorstoßen.
Das Meer ist dann weitgehend zugefroren und somit die gesamte Erdoberfläche von Eis bedeckt. Dies soll vor 580 Millionen Jahren schon einmal der Fall gewesen sein. [28]

9) Klimawandel

Als **Klimawandel** bezeichnet man die Veränderung des Klimas auf der Erde unabhängig davon, ob die Ursachen auf natürlicher oder auch menschlicher (anthropogener) Aktivität beruhen.
Eine Veränderung des Klima tritt zur Zeit durch die anhaltende Erderwärmung, dem Treibhauseffekt, auf. Verursacher des Treibhauseffekts sind, u.a. Kohlenstoffdioxid, Methan, Ozon, Fluorchlorkohlenwasserstoffe, Schwefeldioxid und Stickstoffverbindungen. [29]

10) Atmosphärenwandel

Die **Atmosphäre** ist die gasförmige Hülle der Erde. Sie besitzt einen hohen Anteil an Stickstoff, an Sauerstoff und einen geringen Anteil an Argon. [30]

11) Wandel des Meeresspiegels

Der **Meeresspiegel** stellt das Höhenniveau an der Meeresoberfläche dar.
Er entspricht angenähert einer Äquipotentialfläche des Erdschwerefeldes. [31]

12) Vulkanismus

Unter **Vulkanismus** versteht man diejenigen geologischen Vorgänge, Erscheinungen und Phänomene, die mit Vulkanen in Zusammenhang stehen. [32]

13) Supervulkan

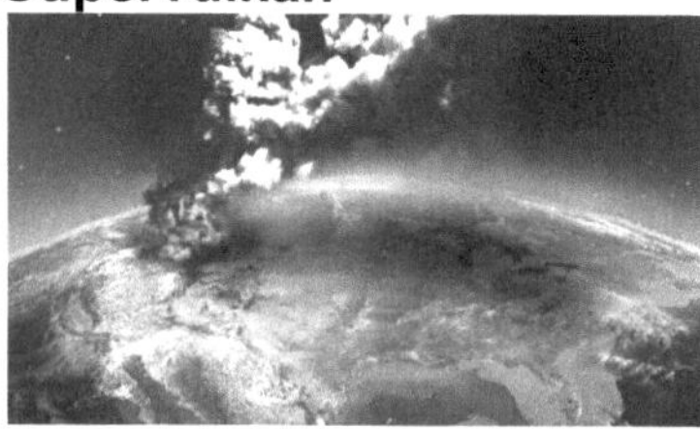

Supervulkane bauen, wegen der Größe ihrer Magmakammer, bei Ausbrüchen keine Vulkankegel auf, sondern hinterlassen riesige Calderen (Krater) im Boden. [33]

Das sind also insgesamt **13** Möglichkeiten, die als planetare Gefahrenquellen in Betracht kommen und das Potenzial besitzen, die gesamte Biosphäre der Erde vernichten zu können.

5.3 - Intelligente Spezies auf einer „Erde 2"

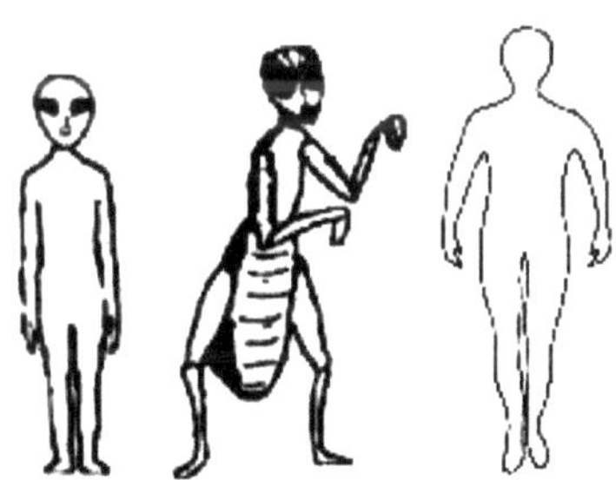

Es sind **13** Ursachen aufgezählt, die das Leben auf der Erde global zunichte machen können.
Die Chance, dass eine Art entsteht und auch überlebt und sich entwickelt, beträgt daher 1 zu 14.

Nur jeder **14te** Planet, auf dem es Leben gibt, könnte eine **bewusstseinsfähige Spezies** hervorbringen.
Das entspricht einem Anteil von **7,142 %**. Der Wahrscheinlichkeitsfaktor beträgt dann F_i = **0,071.428 = 1:14**.

Sieht man die Sachlage eher konservativ, dann kämen auch nur Planeten in Frage, die einer „Erde 2" ähneln.

Aus der Weiterentwickelung von Gleichung 4.2.1 für habitable Erden mit Leben, ergibt sich für die Anzahl belebter „Erden 2" mit einer intelligenten Spezies:

5.3.1 Gleichung

$$N_{ie} = N_{Le} \cdot F_i$$
$$N_{ie} = A \cdot F_{sph} \cdot F_{gae} \cdot F_L \cdot F_i$$
$$N_{ie} = A \cdot F_s \cdot F_p \cdot F_h \cdot F_g \cdot F_a \cdot F_e \cdot F_L \cdot F_i$$

Da für F_e bzw. F_{gae} zwei Werte existieren, lässt sich auch hier wieder eine Minimal-Maximal Aussage generieren:

Einsetzen aller Werte ($F_e = 0{,}1$) in die Gleichung 5.3.1 liefert:

$N_{ie1} = (100\text{-}300) \cdot 10^9 \cdot 1{:}15.000 \cdot 1{:}69 \cdot 1{:}9 \cdot 1{:}14$
N_{ie1} = 767 – 2.300   **„Erden 2" mit intelligentem Leben**

Einsetzen aller Werte ($F_e = 0{,}01$) in die Gleichung 5.3.1 liefert:

$N_{ie2} = (100\text{-}300) \cdot 10^9 \cdot 1{:}15.000 \cdot 1{:}691 \cdot 1{:}9 \cdot 1{:}14$
N_{ie2} = 77 – 230   **„Erden 2" mit intelligentem Leben**

Die beiden Ergebnisse lassen sich dann zusammenfassen, zu folgender Aussage:

5.3.2 Satz   **Die Anzahl der sonnenähnlichen Sternsysteme, mit einer „Erde 2" in habitabler Zone, die eine Intelligente Spezies hervorgebracht haben, ergibt sich wahrscheinlich zwischen 77 und 2.300.**

Die Wahrscheinlichkeit für eine habitable „Erde 2", mit intelligentem Leben, in sonnenähnlichen Sternsystemen, in unserer Galaxie, beträgt sich dann zu:

5.3.3 Definition $F_{ie} = F_{sph} \cdot F_{gae} \cdot F_L \cdot F_i$
$\qquad\qquad\qquad\quad F_{ie} = F_s \cdot F_p \cdot F_h \cdot F_g \cdot F_a \cdot F_e \cdot F_L \cdot F_i$

$F_{ie} \qquad = F_{sph} \cdot F_{gae} \cdot F_L \cdot F_i$
$F_{ie} \qquad = 1{:}15.000 \cdot (1{:}69 - 1{:}691) \cdot 1{:}9 \cdot 1{:}14$
$F_{ie} \qquad = 1{:}130.410.000 - 1{:}1.305.990.000$

Nur jedes **130,41 Millionste bis 1,305 Milliardste** Sternsystem besitzt eine „Erde 2", mit intelligentem Leben.

6 – Zivilisationen in unserer Galaxie

6.1 - Entwicklungsstufen einer Zivilisation

Das Alter des Universums wird heute mit ca. 13,8 Milliarden Jahren angegeben. [1] Etwa 600 Millionen Jahre später entstand unsere Galaxie, die Milchstraße. Daher ist, nach heutigem Wissensstand, das Alter unserer Galaxie 13,21 Milliarden Jahre. [2] [3]
Es vergingen noch mal 8,7 Milliarden Jahre, bis sich unser Sonnensystem entwickeln konnte. Das Alter des Sonnensystems und der Erde beträgt demnach etwa 4,5 Milliarden Jahre. [4]
Bis zur Entstehung von Leben dauerte es dann noch mal etwa 500 Millionen Jahre. Die Entstehung von Leben auf der Erde liegt so etwa 4-5 Milliarden Jahre zurück. [5] [6]
Wenn „das Leben" etwa eine halbe Milliarde Jahre braucht, um sich auf einem Planeten zu entfalten, dann könnten die ersten Zivilisationen schon vor etwa 12,7 Milliarden Jahren in unserer Galaxie aufgetaucht sein. Seither könnten schon tausende von technologischen Zivilisationen entstanden und auch wieder vergangen sein. Es ist daher wahrscheinlich, dass auch heute eine hochtechnologische Zivilisationen in der Galaxis existieren, die schon seit mehreren hunderttausend Jahren bestehen. Wir wären daher noch Jugendliche, verglichen mit diesen anderen, älteren Zivilisationen.

Die Entwicklungsgeschichte einer intelligenten Spezies, von der Entstehung der Art, bis zur hochtechnologischen Zivilisation, lässt sich in folgende **Entwicklungsstufen** einteilen:

    0) Prähistorische Stufe (Dauer 20 – 25 Millionen Jahre)
Aufspaltung der Altweltaffen in Menschenartige und Meerkatzenverwandte vor rund 23 Millionen Jahren
Aufspaltung der Menschenaffen und der Gibbons vor 15 Millionen Jahren
Abtrennung der Schimpansen von den Hominini vor 5,2 Millionen Jahren
Australopithecus vor 3,5 – 1,8 Millionen Jahren
Aufrechter Gang

1) **Vorstufe** (Dauer 2,5 – 3,5 Millionen Jahre)
2.5 – 1,5 Millionen Jahre – Homo rudolfensis, Homo habilis
2 – 1,5 Millionen Jahre – Homo erectus
Entstehung der Art, Steinzeit
erste Steinwerkzeuge vor etwa 2,5 Millionen Jahren

2) **Entstehungsstufe** (Dauer 300.000 – 350.000 Jahre)
Neandertaler 250.000 – 30.000 v. Chr.
340.000 Jahre – ältester Fund Homo sapiens
Entstehung der Art, Sammler und Jäger, Steinzeit

3) **Primitive Stufe** (Dauer 30.000 – 40.000 Jahre)
Steinzeit, Kunstgegenstände, Ackerbau, Siedlungen
Erste Megalithbauten - Göbekli Tepe - 9600 – 8000 v. Chr.

4) **Antike Stufe** (Dauer 5.000 – 6.000 Jahre)
Bronzezeit, Eisenzeit, Metalle, Städte, Handel
Megalithkultur 5.000 – 2.800 v.Chr.
Stonehenge 3100 – 1600 v. Chr.
Antike Völker – Sumerer, Ägypter, Hethiter, Kusch, Minoer,
Babylonier, Griechen, Römer, Chinesen, Indianer, usw.

5) **Mittlere Stufe** (Dauer 1.300 – 1.500 Jahre)
Buchdruck, Entwicklungen in Wissenschaft, Kunst, Medizin
Endzeit Antike, Mittelalter, Anfang Renaissance

6) **Technologische Stufe** (Dauer 350 – 450 Jahre)
Renaissance, Barock, Rokoko, Aufklärung
Neuzeit, Moderne
Physik, Chemie, Elektrotechnik, Luftfahrt, Raumfahrt

7) **Multiplanetare Stufe** (1969 – Mondlandung, 2009 – ISS)
Postmoderne, Besiedlung des Sonnensystems

8) **Interstellare Stufe**
Interstellare Raumfahrt in einer Galaxie

Denkbar wären noch weitere Entwicklungsstufen, wie etwa:

9) **Galaktische Stufe**
Raumfahrt zwischen Galaxien

10) **Kosmische Stufe**
Bereisen des Universums bzw. Multiversums

Es ist aber nicht zu entscheiden ob die Stufen 9 und 10 überhaupt möglich sind. Es ist auch davon auszugehen, dass eine derartige Entwicklungsstufe weit außerhalb unseres heutigen Begriffsvermögens liegen dürfte und wahrscheinlich auch sehr selten im Universum vorkommt, so dass hier nur mit Einzelfällen zu rechnen ist.

Da die ersten acht Stufen eine logische Entwicklungskette bilden und mehr oder weniger empirisch belegt werden können, werden diese Stufen in den nächsten Betrachtungen als Grundlage dienen.

Aus den Zeitdauern der menschlichen Entwicklungsstufen, also ab Stufe 2, lässt sich eine interessante Schlussfolgerung ableiten.

Dazu muss man zunächst die Zeitdauer einer Entwicklungsstufe als Funktion der Entwicklungsstufe darstellen.

Empirisch	Stufe
300.000	2
30.000-40.000	3
5.000-6.000	4
1.200-1.500	5
300-400	6
Seit 45 Jahren	7

Mit einem Tabellenprogramm (z.B. Excel) lässt sich eine Näherungsfunktion ermitteln. Es gilt daher näherungsweise für die **Zeitdauer einer Entwicklungsstufe:**

6.1.1 Gleichung
$$T_m = \frac{2 \cdot 10^7}{m^6} \qquad m \geq 2$$

Man kann alle Werte der **Entwicklungsstufenfunktion** in eine Tabelle eintragen und erhält so eine bessere Übersicht:

Empirisch	Stufe	Funktion	Gerundet
300.000	2	312.500	310.000
30.000-40.000	3	27.434	28.000
5.000-6.000	4	4.882	5.000
1.200-1.500	5	1.280	1.300
300-400	6	428	430
Seit 45 Jahren	7	169	170
	8	76	80

Die Funktion ist in den Abbildungen auf den Seiten 123 bis 124 bildlich dargestellt.

Für die Stufe 7 also die multiplanetare Stufe wird, laut der Rechnung eine Zeitspanne von 170 Jahren gebraucht. Da die Menschheit erst vor etwa 50 Jahren, durch die Mondlandung, die siebte Stufe erklommen hat, so werden wir also noch etwa 120 Jahre brauchen, bis wir beginnen interstellare Raumfahrt zu betreiben.
Also werden wir erst im 22. Jahrhundert über interstellare Raumfahrt verfügen. Bei einer Entwicklungspanne von 80 Jahren, also um die interstellare Raumfahrt zu beherrschen, für die Stufe 8 lässt sich folgende Voraussage machen:

6.1.2 Satz   **Das 22. Jahrhundert könnte für die Menschheit das Jahrhundert des Anfangs der interstellaren Raumfahrt werden.**

Wenn im 22ten Jahrhundert die Menschheit interstellare Raumfahrt betreibt und sich von den Gegebenheiten selbst überzeugen kann
Daraus resultiert insgesamt, dass sich alle Wahrscheinlichkeitsfaktoren für die Verteilung von Planeten, Leben, Intelligenz und Zivilisation, die hier entwickelt werden, innerhalb der nächsten zwei Jahrhunderte hinreichend genau ermitteln lassen werden.
Damit wandelt sich auch das hier entwickelte Modell zu einem einfachen, **empirischen Verteilungsmodell**, hinsichtlich habitabler Planeten, Leben, Intelligenz und Zivilisationen in unserer Galaxie.
Insofern sind alle abgeleiteten Parameter im Prinzip empirisch belegbar oder werden es in Zukunft sein. Daher ist auch das gesamte Modell falsifizierbar und genügt somit Popperschen Ansprüchen. [7]

Wendet man die Gleichung 6.1.1 auf die erste Entwicklungsstufe an, so erhält man 20 Millionen Jahre. Vergleicht man das mit der Evolution des Menschen so ergeben sich folgende Sachverhalte:
Die ältesten Arten der Gattung Homo sind Homo rudolfensis und Homo habilis. Alle bislang bekannten Funde von Homo habilis wurden auf ein Alter von ca. 2,1 bis 1,5 Millionen Jahren datiert. [8] Die Funde zum Homo rudolfensis ergaben sich zu 1,9 Millionen Jahren. [9]
Die Funktion für die Entwicklungsstufen liefert mit 20 Millionen Jahren einen wesentlich höheren Wert als die empirischen Daten. Daher wird der Ursprungsbereich der Funktion hier mit $m \geq 2$ angeben.
Man könnte aber auch in Betracht ziehen, dass die Vorstufe der Menschheit weit länger gedauert hat als bislang angenommen.

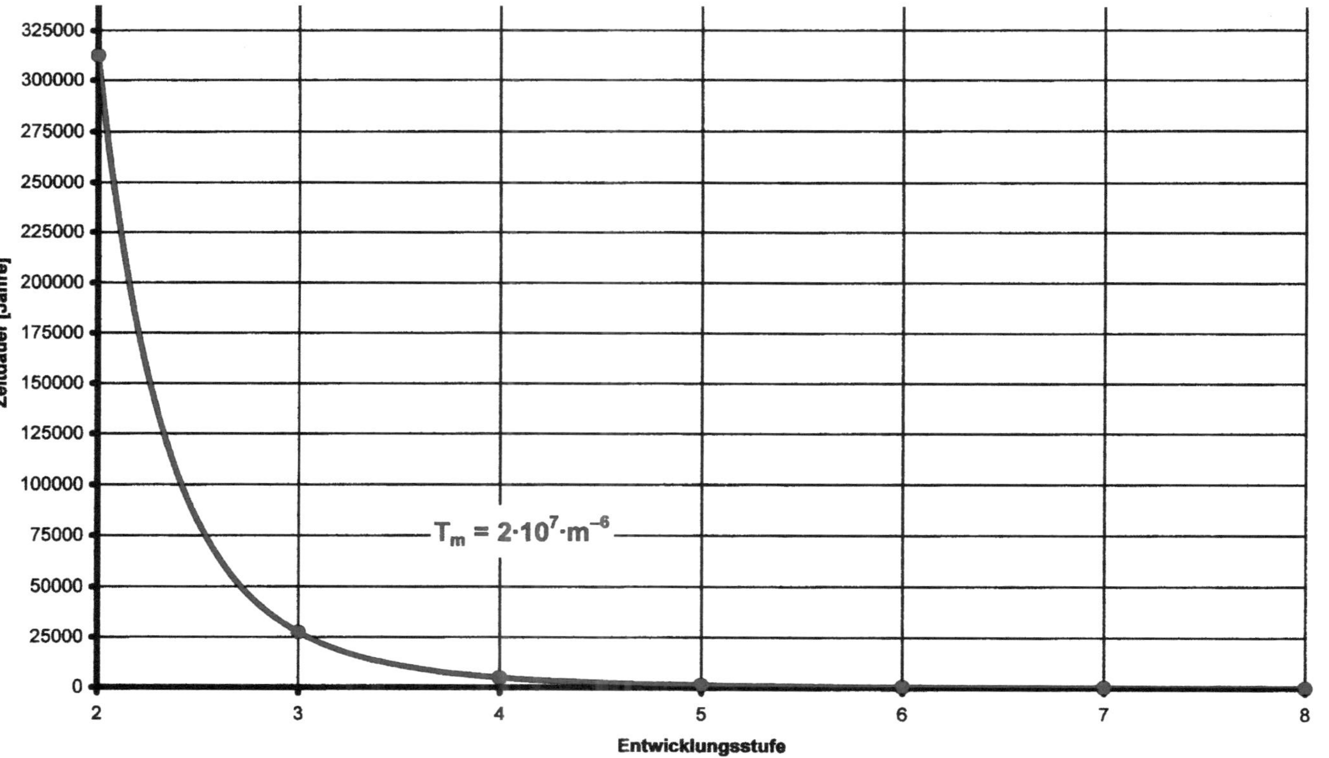

Zeitdauer [Jahre]
325000
300000
275000
250000
225000
200000
175000
150000
125000
100000
75000
50000
25000
0
$T_m = 2 \cdot 10^7 \cdot m^{-6}$
2
3
4
5
6
7
8
Entwicklungsstufe

Besser ersichtlich wird der Zusammenhang, wenn man die Zeitachse logarithmiert.

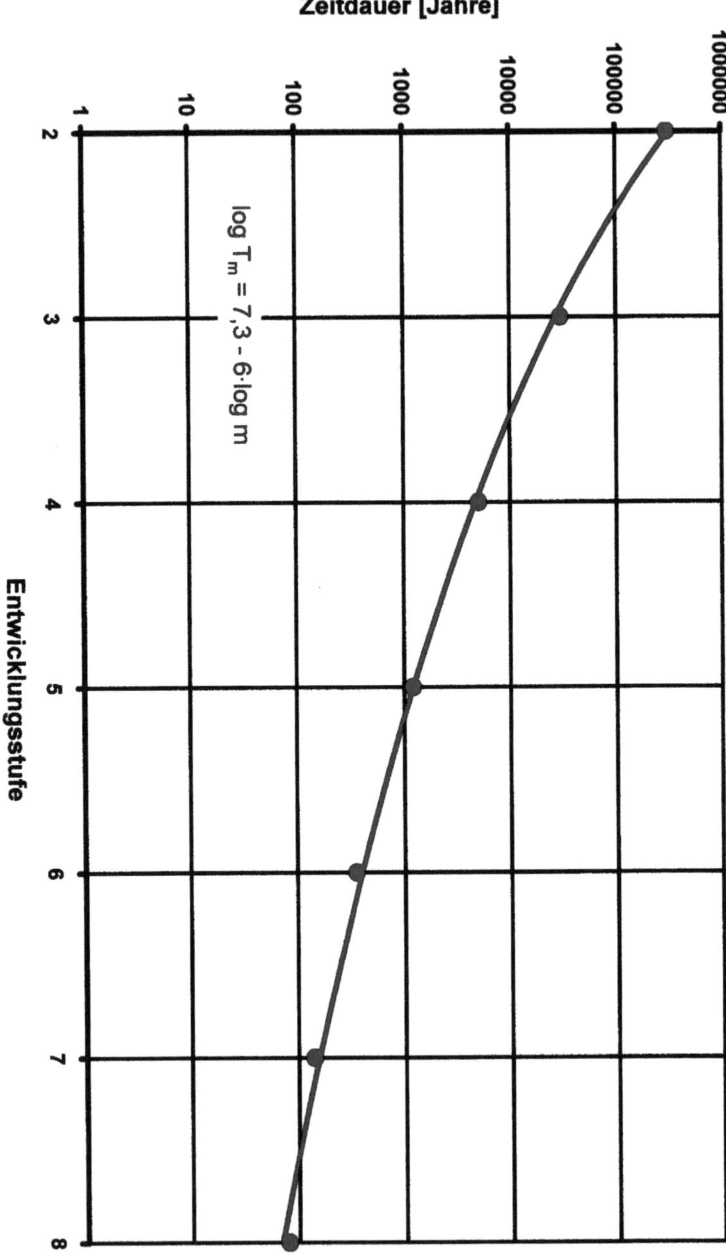

Mit den gegebenen Daten lässt sich eine Rückschau bzgl. der Entwicklungsstufen anstellen. Man kann nämlich die Zeiten, die durch die Entwicklungsstufenfunktion gegeben sind, vergleichen mit den empirischen Gegebenheiten.

Die Mondlandung 1969 [10] bedeutet den Eintritt in die **Stufe 7**, also die multiplanetare Stufe. Mit dem Bau der internationalen Raumstation ISS 2009, den Satelliten zu den Asteroiden und den äußeren Planeten, den geplanten Marslandungen und der beginnenden kommerziellen Nutzung des Weltalls, sind wir auf dem besten Weg uns im Sonnensystem auszubreiten. Was der **multiplanetaren Stufe** entspricht.

Der Anfang der **Stufe 6**, also der technologischen Stufe, liegt 430 Jahre früher bei 1539 bzw. ist daher ins 16te Jahrhundert zu legen.

Die Entdeckung Amerikas durch Christoph Kolumbus war erst 1492 erfolgt. [11] Vasco Da Gama fand 1498 den Seeweg nach Indien. [12] 1519–1521 machte Fernando Magellan seine Weltumsegelung [13] und Francis Drake wiederholte dieses von 1577–1580 [14]. Das 16. Jahrhundert wird auch manchmal als Jahrhundert der Entdeckungen bezeichnet. Um 1600 ist die Hälfte der Erdoberfläche, aber nur ein Teil der Landfläche bekannt.

Der Thesenanschlag in Wittenberg, bei dem Martin Luther seine 95 Thesen veröffentlichte, soll sich 1517 ereignet haben. [15] Galileo Galilei lebte von 1564–1642 [16] und durch Johannes Kepler (1571–1630) existierte die erste naturwissenschaftliche Erklärung des Sonnensystems. [17]

Die seefahrerischen Leistungen der damaligen Zeit förderten die Technologie in der Schifffahrt. Mit Galileis Teleskop 1608 [18] und 1595 durch die Linsenmacher Hans und Zacharias Janssen mit dem Mikroskop [19], ergaben sich neue technologische Anwendungen. Keplers Planetentheorie war ebenfalls die Grundlage für weitere Entwicklungen.

Die Zeitspanne vom 15ten bis ins 16te Jahrhundert wird auch als Renaissance bezeichnet, was soviel wie Wiedergeburt bedeutet. Die Renaissance wird als europäische Kulturepoche angesehen, in der Zeit des Umbruchs vom Mittelalter zur Neuzeit. [20] **Die Renaissance stellt somit den Übergang von Stufe 5 zu Stufe 6 dar.**

Daher kann man das 16. Jahrhundert durchaus als Wendepunkt ansehen, an dem die Menschheit die 6. Entwicklungsstufe ihrer Evolution begonnen hat, hin zu einer technologischen Entwicklung.

Der Anfang der **Stufe 5** liegt wiederum etwa 1300 – 1500 Jahre früher als bei Stufe 6, also bei 200 bis 0, also etwa der Zeitenwende.

Die Zeitenwende stellt somit den Übergang von Stufe 4 zu Stufe

5 dar. Das Mittelalter bezeichnet in der europäischen Geschichte die Epoche zwischen dem Ende der Antike und dem Beginn der Neuzeit, also etwa die Zeit zwischen dem 6. und 15. Jahrhundert. [21] Das passt gut zur „Mittleren Stufe".

Der Anfang der **Stufe 4** liegt wiederum etwa 5.000 Jahre früher als bei Stufe 6, also bei 5000 v. Ch. Das umfasst die Bronzezeit (2200 bis 800 v. Chr.) [22] als auch die Eisenzeit (ab 1200 v.Chr.). [23] Hier findet man auch die antiken Völker, wie Sumerer, Ägypter, Hethiter, Kusch, Minoer, Babylonier, Griechen, Römer, Karthager, Israeliten, Chinesen, Indianer usw. [24] Das passt gut zur „Antiken Stufe".

Der Anfang der **Stufe 3** liegt wiederum etwa 28.000 Jahre früher als bei Stufe 4, also bei 33000 v. Chr.
Zeitpunkt des Beginns des Ackerbaus ist um 11000 v. Chr. Die ältesten Siedlungsfunde stammen aus derselben Zeit. [25]
Die ersten Keramikfiguren können auf mindestens 29.000 Jahre datiert werden. [26] Vor etwa 35.000 Jahren wurde die Höhlenmalerei im Süden Frankreichs entwickelt. In diese Zeit fallen früheste Funde von Elfenbeinschnitzereien von Figürchen in Europa. Der älteste Nachweis einer Knochenflöte wird ebenfalls mit etwa 35.000 Jahren datiert. [27] Das passt gut in die „Primitive Stufe".

Der Anfang der **Stufe 2** liegt wiederum etwa 310.000 Jahre früher als bei Stufe 3, also bei 343000 v. Chr.
Das stimmt gut mit den ältesten Funden des Homo sapiens überein. [28] [29]

Damit ergibt sich insgesamt eine gute Übereinstimmung der Entwicklungsstufenfunktion mit den empirischen Daten.
Wodurch sich die Frage stellt, wie lange die Menschheit insgesamt für ihre Entwicklung gebraucht hat.
Die Summe aller Entwicklungszeiten T_m ab der Stufe 2 ergibt:

$$T_M = \sum_{m=2}^{8} T_m = 342.980 \text{ Jahre}$$

Dann ist T_M die **mittlere Entwicklungszeit** bzw. Lebensdauer einer Zivilisation.
Eine weitere Möglichkeit die Entwicklungsdauer einer Zivilisation zu ermitteln besteht darin, die Fläche unter der Zeitfunktion T_m zu berechnen, die der Gesamtzeit einer Zivilisation entspricht.
Man muss also das Integral über der Zeitfunktion bilden, um die Ge-

samtzeitspanne zu erhalten. Die **Gesamtentwicklungszeit einer Zivilisation** entspricht dem Integral über der Zeitfunktion einer Zivilisation.

6.1.3 Gleichung

$$\boxed{T_{Gesamt} = \int\limits_{1}^{m} T_m \, dm}$$

$$T_{Gesamt} = \int\limits_{1}^{8} 2 \cdot 10^7 \cdot m^{-6} \, dm = -\frac{2}{5} \cdot 10^7 \cdot m^{-5} \Big|_{1}^{8}$$

T_{Gesamt} $= 2/5 \cdot 10^7 \cdot (1^{-5} - 8^{-5})$

T_{Gesamt} **= 3.999.877,93 Jahre**

Das sind knapp **4 Millionen Jahre** für die **Gesamtentwicklungsdauer einer Zivilisation**, von der Vorstufe bis zur interstellaren Raumfahrt. Das stimmt mit den empirischen Daten schon recht gut überein.

Nimmt man die Zeit von Stufe 2 bis Stufe 8, also die Zeit der rein menschlichen Entwicklung, dann gilt:

T_{Homo} **= 2/5 · 10^7 · ($2^{-5} - 8^{-5}$) = 124.877,92 Jahre**

Das ist die minimale Entwicklungszeit für eine intelligente Spezies von der primitiven Stufe bis zur technologischen Zivilisation.

Dann ist damit zu rechnen, dass eine Zivilisation noch 2-3 mal länger existiert, also zwischen 250.000 und 375.000 Jahre. Das könnte man dann als **mittlere Lebensdauer** einer Zivilisation verstehen

Die Summe aller Entwicklungszeiten T_m ergibt ΣT_m = 342.980 Jahre. Verglichen mit den empirischen 300.000 – 350.000 Jahren, die der Mensch gebraucht hat, liegt hier eine gute Übereinstimmung vor.

Die Zeit für die Vorstufe ergibt sich als Differenz aus der Gesamtzeit und der minimalen Entwicklungszeit. Die Vorstufe hat damit **3,875 Millionen Jahre** gedauert, was mit den empirischen Daten in etwa übereinstimmt.

Die bisher vorgestellte Entwicklungsstufenfunktion wurde durch eine Näherung ermittelt. Diese Näherung ist nicht die einzige Lösungsfunktion. Es sei hier noch eine andere Möglichkeit vorgestellt, die auch die Stufe 1 einschließt:

6.1.4 Gleichung $$T_n = 10^{7{,}703 \cdot e^{-0{,}177 \cdot n}} \qquad m \geq 1$$

Empirisch	Stufe	Funktion	Gerundet
3.000.000	1	2.840.649	2.840.000
300.000	2	255.001	260.000
30.000-40.000	3	33.844	34.000
5.000-6.000	4	6.233	6.200
1.200-1.500	5	1.510	1.500
300-400	6	460	460
Seit 45 Jahren	7	170	170
	8	74	75

Die Gesamtsumme aller Entwicklungszeiten T_n ergibt:

$$T_{Gesamt} = \sum_{n=1}^{8} T_n = 3.137.295 \text{ Jahre}$$

Das passt schon gut mit den empirischen Daten zur Entstehung der Art Homo überein. Der älteste Fund datiert auf etwa 2,5 Millionen Jahre.

Die Summe aller Entwicklungszeiten T_n ab der Stufe 2, also die **mittlere Entwicklungszeit**, ergib sich zu:

$$T_N = \sum_{n=2}^{8} T_n = 297.292 \text{ Jahre}$$

Auch das stimmt recht gut mit den empirischen Daten zur Entstehung des Homo sapiens überein. Der älteste Fund datiert auf etwa 340.000 Jahre.

Das Integral kann hier aber nicht gebildet werden. Es lässt sich keine Stammfunktion für T_n finden.
Die Zeitspannen T_n weichen zwar ein wenig von den bisherigen Zeitspannen T_m ab. Die Abweichungen sind aber so gering, dass sie keinen Einfluss auf die bisherigen Betrachtungen und Ergebnisse, sowie den daraus resultierenden Sätzen, haben.

Mit dem Entwicklungsstufenmodell und den zugehörigen Funktionen steht nun ein wirksames Werkzeug zur Verfügung, um die Entwicklung einer Zivilisation zu beschreiben, einzuordnen, sowie die Frage der **Lebensdauer einer Zivilisation** klären zu können.

6.2 - Verteilung von Zivilisationsstufen

Es ist davon auszugehen, dass die in der Galaxie vorhandenen Zivilisationen über die gesamten geschichtlichen Entwicklungsstufen hinweg verteilt sein werden. In einem ersten Ansatz könnte man davon ausgehen, dass alle Zivilisationen gleichmäßig über die Zivilisationsstufen verteilt sind.

Dagegen kann man aber anführen, dass je länger eine Zivilisation besteht auch die Wahrscheinlichkeit einer alles vernichtenden Katastrophe **zunimmt**. Es ist daher eher zu erwarten, dass die Anzahl der Zivilisationen mit steigender Entwicklungsstufe abnimmt. Daraus lässt sich folgender Ansatz formulieren:

6.2.1 Ansatz **Die Wahrscheinlichkeit F_z für eine Zivilisation ist umgekehrt proportional zur Entwicklungsstufe.**

F_z = 1:m   **und m = Entwicklungsstufe**

In der folgenden Grafik auf der nächsten Seite ist dies noch ein mal bildlich dargestellt.

Wenn auf einem Planeten intelligentes Leben entstanden ist, so ist es 100 % wahrscheinlich, dass auch Vorstufen von Zivilisationen entstanden sind, eben solche der Stufe 1. Folglich liefert auch die Entwicklungsstufenfunktion hier den Wert 1.

Aber schon bei Stufe 2 beträgt die Wahrscheinlichkeit nur noch 0,5, bei Stufe 3 noch 0,33, bei Stufe 4 nur noch 0,25 usw.

Es muss jetzt noch gefordert werden, dass die Summe aller Wahrscheinlichkeiten für die Zivilisationsstufen **(m ≥ 2)** gleich eins ist. Das bedeutet, dass es 100 % wahrscheinlich ist, dass über die Summe aller Zivilisationsstufen gesehen, mindestens eine existiert.

Also gilt:

6.2.2 Gleichung $$S = \sum_{Z=2}^{8} F_Z = 1$$

Das ist aber dem bisherigen Ansatz 6.2.1 nicht der Fall, denn die Summenbildung liefert:

S = 1/2 + 1/3 + 1/4 + 1/5 + 1/6 + 1/7 + 1/8 = 481 : 280 > 1

Wahrscheinlichkeiten können aber nicht größer als eins werden. Daher muss man einen verschärften Ansatz finden.

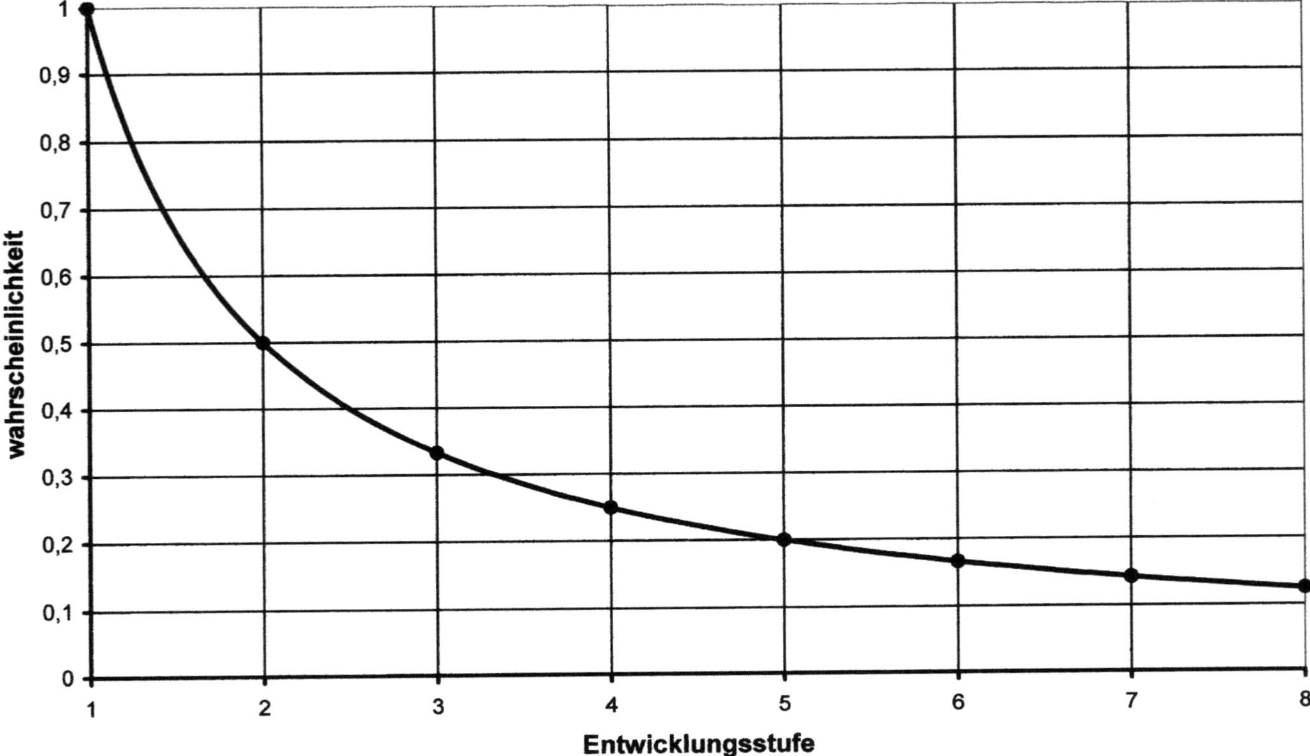

wahrscheinlichkeit
1
0,9
0,8
0,7
0,6
0,5
0,4
0,3
0,2
0,1
0
Entwicklungsstufe
1
2
3
4
5
6
7
8

Ein besserer Ansatz lässt sich dadurch erreichen, dass man das **Quadrat** der Entwicklungsstufe zur Berechnung der Wahrscheinlichkeit F_z benutzt, also:

$$F_z = 1{:}m^2 \qquad \text{und } \mathbf{m \geq 2} \text{ ist Entwicklungsstufe}$$

Die Summenbildung liefert hier:

S = 1/4 + 1/9 + 1/16 + 1/25 + 1/36 + 1/49 + 1/64
S = 7.301 : 14.400
S = 0,507.013

Dann lässt sich die Normierungsfunktion 6.2.2 so modifizieren:

6.2.3 Gleichung $\qquad S = a \cdot \sum_{Z=2}^{8} F_Z = 1$

Um die Entwicklungsstufenfunktion anzupassen, muss der Faktor **a** gleich dem Kehrwert der Summe sein, also:

$$a = 14.400 : 7.301$$
$$a = 1{,}972.332$$

Damit lässt sich jetzt folgender Ansatz für die **Wahrscheinlichkeit einer Entwicklungsstufe** aufstellen:

6.2.4 Gleichung $\qquad \boxed{F_{Zm} = \dfrac{14400}{7301 \cdot m^2}} \quad m \geq 2$

In der nachfolgenden Grafik, auf der nächsten Seite, ist das noch einmal bildlich dargestellt.

Durch die Entwicklungsstufenfunktion 6.2.4 lässt sich noch die Gesamtwahrscheinlichkeit für alle Zivililisationsstufen größer 2 ermitteln. Die Gesamtwahrscheinlichkeit wird durch die Fläche dargestellt die sich unter der Funktion aufspannt. Man muss also das Integral über der Funktion bilden. Das lässt sich dann so formulieren:

Die **Gesamtwahrscheinlichkeit für die Existenz einer Zivilisation** entspricht dem Integral über der Wahrscheinlichkeitsfunktion einer Zivilisation.

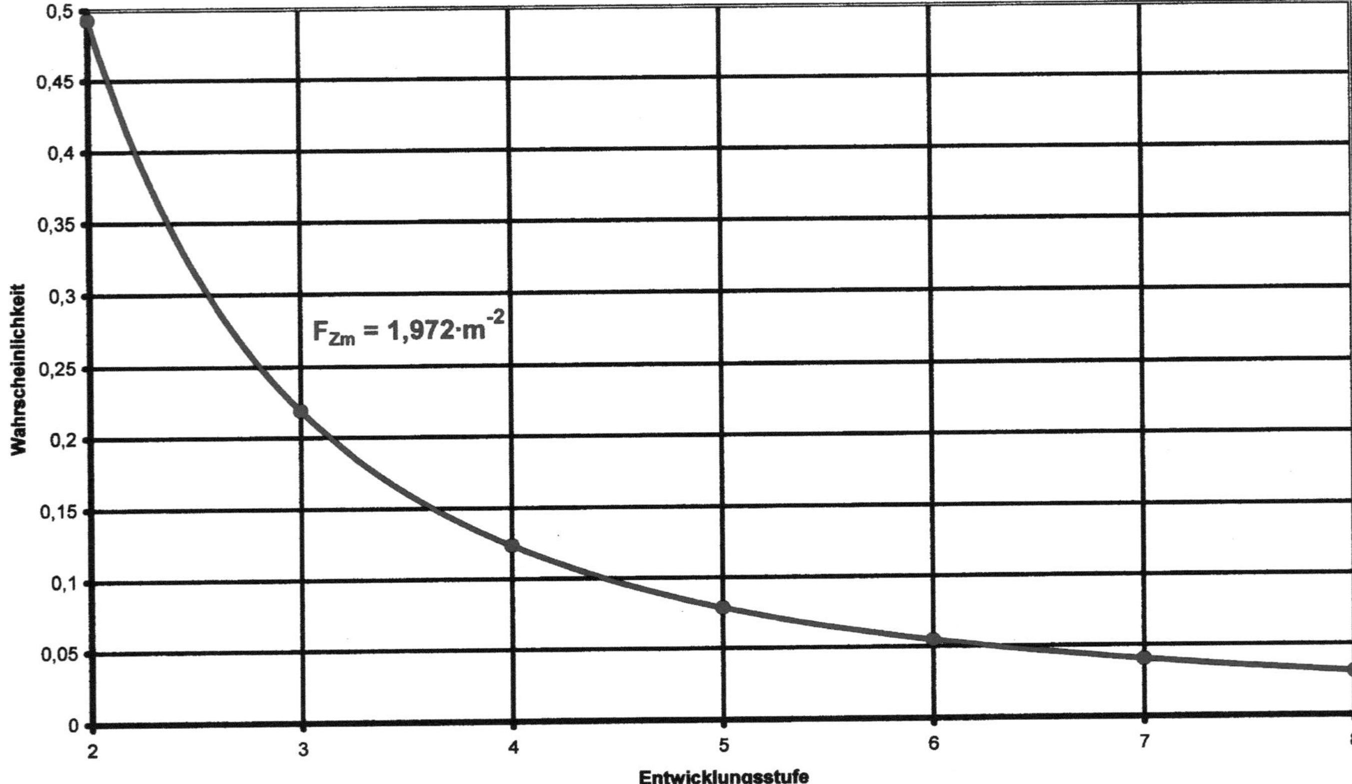

Wahrscheinlichkeit
0,5
0,45
0,4
0,35
0,3
0,25
0,2
0,15
0,1
0,05
0
$F_{Zm} = 1{,}972 \cdot m^{-2}$
2
3
4
5
6
7
8
Entwicklungsstufe

6.2.5 Gleichung

$$F_{Gesamt} = \int_{2}^{m} F_{Zm}\, dm$$

$$F_{Gesamt} = \int_{2}^{8} 14400/7301 \cdot m^{-2} dm = -14400/7301 \cdot m^{-1} \Big|_{2}^{8}$$

F_{Gesamt} $\qquad$ = 14400/7301 $\cdot$ (-8^{-1} + 2^{-1})
F_{Gesamt} $\qquad$ = **5400/7301** = 0,739.624

Das bedeutet, dass eine **Gesamtwahrscheinlichkeit** von etwa **74 %** besteht, überhaupt eine Zivilisation anzutreffen.

Mit der Wahrscheinlichkeitsfunktion für Zivilisationsstufen steht nun ein wirksames Werkzeug zur Verfügung, die Wahrscheinlichkeiten für die Entwicklungsstufen einer Zivilisation zu beschreiben und einzuordnen.
Es muss jetzt nur noch eines vorausgesetzt werden:

6.2.6 Axiom $\qquad$ **Alle Betrachtungen zu den Entwicklungsstufen, der Entwicklungszeit und der Verteilung von Zivilisationsstufen sind auf außerirdische Zivilisationen übertragbar.**

6.3 - Spezielles Grundmodell

Gleichung 5.3.1 für „Erden 2" mit einer intelligenten Spezies kann noch erweitert werden zu:

6.3.1 Gleichung $\qquad$ $N_{ze} = N_{ie} \cdot F_z$
$\qquad\qquad\qquad\qquad$ $N_{ze} = A \cdot F_{sph} \cdot F_{gae} \cdot F_L \cdot F_i \cdot F_z$

Gleichung 6.3.1 gibt die Zahl der intelligenten Spezies wieder, die über Technologie verfügen könnten und eine Entwicklungsstufe größer als 2 erreicht haben. Die Gleichung 6.3.1 lässt sich noch etwas vereinfachen. Dazu muss man sich den Wahrscheinlichkeitsfaktoren zuwenden. Bekannt sind ja folgende:

$F_{sph} = F_s \cdot F_p \cdot F_h$ $\qquad$ = 7:25 $\cdot$ 201:14.000 $\cdot$ 10:603
$\qquad\qquad\qquad\qquad$ = **1:15.000** $\qquad$ **habitable Zone**

$$F_{gae} = F_g \cdot F_a \cdot F_e \qquad = 1.212{:}3.286 \cdot 51{:}130 \cdot (1{:}100 - 1{:}10)$$
$$= \textbf{1:702 bis 1:70} \qquad \textbf{Erdähnlichkeit}$$

Betrachtet man nur die „Erden 2", dann kann man noch eine Wahrscheinlichkeit für eine Zivilisation aufstellen:

6.3.2 Definition $\qquad \boxed{F_{Liz} = F_L \cdot F_i \cdot F_z}$

Dabei muss F_z jeweils an die zu betrachtenden Zivilisationsmengen angepasst werden, was in den folgenden Abschnitten noch ersichtlich werden wird.

Die Gleichung 6.3.1 kann dann auch noch so dargestellt werden:

6.3.3 Gleichung

$$N_{ze} = A \cdot F_{sph} \cdot F_{gae} \cdot F_{Liz}$$

$F_{sph} = F_s \cdot F_p \cdot F_h$	Habitable Zone
$F_{gae} = F_g \cdot F_a \cdot F_e$	Erdähnlichkeit
$F_{Liz} = F_L \cdot F_i \cdot F_z$	Zivilisation

Das Gleichungssystem 6.3.3 beinhaltet alle *planetaren und biologischen* Faktoren, welche die Entwicklung einer Zivilisation, durch eine intelligente Spezies, auf einer „Erde 2", in einem sonnenähnlichen System, in der Galaxie, beeinflussen können.

Da wir eine Zivilisation kennen, nämlich unsere, lässt sich Gleichung 6.3.3 noch etwas modifizieren. Es gilt:

6.3.4 Gleichung $\qquad \boxed{N_{ze} = A \cdot F_{sph} \cdot F_{gae} \cdot F_{Liz} \geq 1}$

6.4 - Technologische Zivilisationen

Lediglich drei der acht Entwicklungsstufen stellen höhere **technologische Zivilisationen** dar, nämlich die Stufen 6, 7, 8. Das entspricht einer Wahrscheinlichkeit von:

$$F_z = \textbf{14.400/7.301} \cdot (1{:}36 + 1{:}49 + 1{:}64)$$
$$F_z = \textbf{405.225/3.218.741} \approx \textbf{1:7,943}$$

$$F_{Liz} = F_L \cdot F_i \cdot F_z = 1{:}9 \cdot 1{:}14 \cdot 405.225/3.218.741$$
$$= 0{,}000.999.171$$
$$= \textbf{1 : 1.001} \qquad \textbf{technologische Zivilisation}$$

Da für F_e bzw. F_{gae} zwei Werte existieren, lässt sich auch hier wieder eine Minimal-Maximal Aussage generieren.
Einsetzen aller Werte (F_e = 0,1) in die Gleichung 6.3.3 liefert:

N_{ze1} = (100-300)·10^9 · 1:15.000 · 1:69 · 1:1.001
N_{ze1} = 97 – 290 „Erden 2" mit technologischen Zivilisationen

Einsetzen aller Werte (F_e = 0,01) in die Gleichung 6.3.3 liefert:

N_{ze2} = (100-300)·10^9 · 1:15.000 · 1:691 · 1:1.001
N_{ze2} = 10 – 29   „Erden 2" mit technologischen Zivilisationen

Die beiden Ergebnisse lassen sich dann zusammenfassen, zu folgender Aussage:

6.4.1 Satz   Es existieren wahrscheinlich 10 bis 290 technologische Zivilisationen auf einer „Erde 2" in einem sonnenähnlichen Sternsystem, in unserer Galaxie.

Die Wahrscheinlichkeit für eine habitable „Erde 2", mit einer technologischen Zivilisation, in sonnenähnlichen Sternsystemen, in unserer Galaxie, beträgt dann:

6.4.2 Definition $F_{ze} = F_{sph} \cdot F_{gae} \cdot F_{Liz}$

F_{ze} = $F_{sph} \cdot F_{gae} \cdot F_{Liz}$
F_{ze} = 1:15.000 · (1:69-1:691) · 1:1.001
F_{ze} = 1:1.036.035.000 - 10:375.365.000

Nur jedes **1,036 bis 10,375 Milliardste** Sternsystem bringt eine „Erde 2", mit einer technologischen Zivilisationen hervor.

6.5 - Vergleichbare technologische Zivilisationen

Die heutige Zivilisation befindet sich etwa seit 300 Jahren auf der 6. Stufe, bzw. stehen wir mit der Mondlandung 1969, sowie dem Aufbau der internationalen Raumstation ISS seit 1998, am Anfang der siebten Stufe.

Lediglich zwei der acht Entwicklungsstufen stellen daher **vergleichbare technologische Zivilisationen** dar, nämlich die Stufen 6 und 7. Das entspricht einer Wahrscheinlichkeit von:

F_z = 14.400:7.301 $\cdot$ (1:36+1:49) **= 34.000:357.749 $\approx$ 1:10,522**

F_{Liz} = $F_L \cdot F_i \cdot F_z$ = 1:9 $\cdot$ 1:14 $\cdot$ 34.000:357.749
      = **1:1.326**   **vergleichbare Zivilisationen**

Einsetzen aller Werte (F_e = 0,1) in die Gleichung 6.3.3 liefert:

N_{ze1} = (100-300)$\cdot 10^9$ $\cdot$ 1:15.000 $\cdot$ 1:69 $\cdot$ 1:1.326
N_{ze1} = 73 – 219 vergleichbare Zivilisationen

Einsetzen aller Werte (F_e = 0,01) in die Gleichung 6.3.3 liefert:

N_{ze2} = (100-300)$\cdot 10^9$ $\cdot$ 1:15.000 $\cdot$ 1:691 $\cdot$ 1:1.326
N_{ze2} = 8 – 22   vergleichbare Zivilisationen

Die beiden Ergebnisse lassen sich dann zusammenfassen, zu folgender Aussage:

6.5.1 Satz   **Es könnten zwischen 8 und 219 technologische Zivilisationen, auf einer „Erde 2", in einem sonnenähnlichen Sternsystem, in unserer Galaxie existieren, die mit unserer vergleichbar wären.**

Schlussfolgerung:
Verteilt man die maximal vorhandenen vergleichbaren 8 - 219 Zivilisationen gleichmäßig in der Galaxie, so liegen im Mittel 5.000 - 15.000 Lichtjahren zwischen ihnen.
Ein Signal von einer anderen Zivilisation wäre demzufolge auch ein paar tausend Jahre unterwegs und hätte ebenso zum „richtigen" Zeitpunkt abgeschickt werden müssen, um uns heute zu erreichen.
Es wäre schon ein unglaublicher Glücksfall, wenn man mit dem SETI Projekt so ein Signal auffangen würde.
Eine Kommunikation wäre, durch die großen Zeitspannen bei der Signalübertragung, auch nicht möglich.

Die Wahrscheinlichkeit für eine habitable „Erde 2", mit einer technologischen vergleichbaren Zivilisation, in sonnenähnlichen Sternsystemen, in unserer Galaxie, beträgt dann nach Definition 6.2.5:

$$F_{ze} = F_{sph} \cdot F_{gae} \cdot F_{Liz}$$
$$F_{ze} = 1{:}15.000 \cdot (1{:}69{-}1{:}691) \cdot 1{:}1.326$$
$$F_{ze} = 1{:}1.372.410.000 - 1{:}13.743.990.000$$

Nur jedes **1,372 bis 13,743 Milliardste** Sternsystem besitzt eine „Erde 2", mit einer vergleichbaren Zivilisation.

6.6 - Raumfahrende Zivilisationen

Die Voraussetzung für eine **raumfahrende Zivilisation** ist:

6.6.1 Axiom
Es existiert eine Physik und daraus resultierende Technologie, die interstellare Reisen in kurzen Zeiträumen zulässt.

Entwicklungsgeschichtlich gesehen verfügt ja nur die oberste Zivilisationsstufe 8 über interstellare Raumfahrt. Daher beträgt die Wahrscheinlichkeit eine solche Spezies anzutreffen:

$$\mathbf{F_z} = 14.400{:}7.301 : 64.\mathbf{= 225{:}7.301 \approx 1{:}32{,}448}$$

$$\mathbf{F_{Liz}} = F_L \cdot F_i \cdot F_z = 1{:}9 \cdot 1{:}14 \cdot 225{:}7.301$$
$$= \mathbf{1{:}4.089} \qquad \textbf{raumfahrende Zivilisationen}$$

Einsetzen aller Werte ($F_e = 0{,}1$) in die Gleichung 6.3.3 liefert:

$$N_{ze1} = (100{-}300){\cdot}10^9 \cdot 1{:}15.000 \cdot 1{:}69 \cdot 1{:}4.089$$
$$\mathbf{N_{ze1} = 24 - 71} \quad \textbf{raumfahrende Zivilisationen}$$

Einsetzen aller Werte ($F_e = 0{,}01$) in die Gleichung 6.3.3 liefert:

$$N_{ze2} = (100{-}300){\cdot}10^9 \cdot 1{:}15.000 \cdot 1{:}691 \cdot 1{:}4.089$$
$$\mathbf{N_{ze2} = 3 - 7} \quad \textbf{raumfahrende Zivilisationen}$$

Die beiden Ergebnisse lassen sich dann zusammenfassen, zu folgender Aussage:

6.6.2 Satz   **Es existieren wahrscheinlich 3 bis 71 technologische Zivilisationen, auf einer „Erde 2", in einem G-Sternsystem, in unserer Galaxie, die interstellare Raumfahrt betreiben.**

Die Wahrscheinlichkeit für eine habitable „Erde 2" in sonnenähnlichen Sternsystemen, in unserer Galaxie, mit einer technologischen Zivilisation, die interstellare Raumfahrt betreibt, beträgt dann nach Definition 6.4.2:

$$F_{ze} = F_{sph} \cdot F_{gae} \cdot F_{Liz}$$
$$F_{ze} = 1:15.000 \cdot (1:69-1:691) \cdot 1:4.089$$
$$F_{ze} = 1:4.232.115.000 - 1:42.382.485.000$$

Nur jedes **4,232 bis 42,382 Milliardste** Sternsystem besitzt eine „Erde 2", mit einer raumfahrenden Zivilisation.

6.7- Hypothetisch

Der ehemalig führende Lockheed-Wissenschaftler **Boyd Bushman** (siehe Seite 53) gab an, dass eine Alien-Rasse, die **68** Lichtjahre entfernt leben würde, nur **35** Minuten bräuchte, um bis zur Erde zu gelangen. Das entspricht einer mittleren Reisegeschwindigkeit von 1 millionenfacher Lichtgeschwindigkeit.

In physikalischer Schreibweise: V_{reise} **= 1 Mc**
In Star Trek Schreibweise: V_{reise} **= 1 MWarp**

Wenn man das weiter durchrechnet ergeben sich die folgenden Ergebnisse:

In 36 Tagen durch die Galaxie   (100.000 Lj)
In 2 Monaten zu den Magellanschen Wolken   (190.000 Lj)
In 30 Monaten zur Andromeda-Galaxie   (2.500.000 Lj)

Die gesamte lokale Galaxiengruppe (25 Galaxien) wäre in überschaubaren Zeiträumen (1/2 Jahr) bereisbar und erforschbar.
Die Fähigkeit zur interstellaren Raumfahrt ergibt einen Erforschungsraum, der die gesamte lokale Galaxiengruppe umfasst.
Soweit das hypothetisch Mögliche. Daraus ergeben sich folgende Konsequenzen:
Eine Rasse der es möglich ist Materie durch Raum und Zeit zu transportieren hat auch Wege gefunden dort Energie bzw. Information zu verschicken. D.h. es existiert so etwas wie ein **interstellarer Funk** und dieser dürfte NICHT auf elektromagnetischer Basis funktionieren.
Die Menschheit ist gerade selber dabei eine solche Technologie zu entwickeln. Mit einer Quantentechnologie die auf verschränkten Teil-

chen beruht. Was, bei weiterer Entwicklung, zu einer abhörsicheren und momentanen, also überlichtschnellen, Kommunikation befähigt.

Es ist davon auszugehen, dass bei interstellaren Reisen eine solche Art der Kommunikation nicht nur sinnvoll, sondern sogar Standard ist. Wenn also raumfahrende Außerirdische diese Technologie zur Kommunikation benutzen, ist durch die Abhörsicherheit einerseits und die überlichtschnelle Signalgeschwindigkeit andererseits, ein **Schweigen im All** auf dem elektromagnetischen Frequenzband verständlich. Daraus ergibt sich folgende Konsequenz:

Wir horchen bei SETI mit dem falschen Werkzeug

Wie schon gesagt: SETI verhält sich so, als ob man auf Trommel- oder Rauchzeichen wartet, während die anderen miteinander telefonieren, oder Funkverkehr betreiben.
Wenn wir aktiv elektromagnetische Signale ins All senden, senden wir auch Information über unseren technologischen Stand Das bedeutet, dass nur Zivilisationen einer bestimmten Entwicklungsstufe elektromagnetische Signale benutzen und sich sozusagen dadurch auch verraten.
Die technologisch höher entwickelten Zivilisationen sind daher nicht mehr abhörbar.

6.8 - Wahrscheinlichkeiten

Schaut man sich noch einmal die Faktoren F_{sph}, F_{gae} und F_{Liz} an, dann lässt sich hier noch folgendes ergänzen:

F_{sph} = 1:15.000 ist die Wahrscheinlichkeit für einen Planeten in der habitablen Zone eines sonnenähnlichen Sternes.

Für F_{gae} = 1:691 – 1:69 ließ sich bisher nur ein Bereich ermitteln.
Wenn in den nächsten 20 – 100 Jahren bis zu 10 „Erden 2" gefunden sein werden, wird es möglich sein, beide Parameter (F_{sph}, F_{gae}) hinreichend genau anzugeben, d.h. statistisch gesehen liegen dann signifikante Zahlen vor.

Bisher ermittelte Werte für F_{Liz}:

F_{Liz} = 1:1.001   technologische Zivilisation
F_{Liz} = 1:1.326   vergleichbare Zivilisation
F_{Liz} = 1:4.089   raumfahrende Zivilisation

Die Genauigkeit dieser Werte wird sich erst dann hinreichend klären lassen, wenn die Menschheit selber beginnt, interstellare Raumfahrt zu betreiben, also nach Satz 6.1.2 in 100 bis 200 Jahren, und die Verteilung von Leben bzw. Intelligenz und Zivilisation in der Galaxie selbst überprüfen kann.

Daraus resultiert, dass sich alle Wahrscheinlichkeitsfaktoren für die Verteilung von Planeten, Leben, Intelligenz und Zivilisation innerhalb der nächsten zwei Jahrhunderte hinreichend genau ermitteln lassen werden.

Das Gleichungssystem 6.3.3 beinhaltet alle *planetaren und biologischen* Faktoren, welche die Entwicklung einer Zivilisation, durch eine intelligente Spezies, auf einer „Erde 2", in einem sonnenähnlichen Sternsystem, in der Galaxie, beeinflussen können.

In der Folge wird das bisher abgeleitete System von Gleichungen für sonnenähnliche Sternsysteme als „**Spezielles Grundmodell**" bezeichnet.

Wenn also durch zukünftige weitere Untersuchungen eine immer bessere Signifikanz der bisherigen Wahrscheinlichkeitswerte erreicht wird, wandeln sich die Wahrscheinlichkeiten von Wahrscheinlichkeitsfaktoren, in einfache Verteilungs- bzw. Häufigkeitswerte.

Damit wandelt sich auch das Grundmodell zu einem einfachen, **empirischen Verteilungsmodell**, hinsichtlich habitabler Planeten, Leben, Intelligenz und Zivilisationen in unserer Galaxie.

Hier noch einmal alle Wahrscheinlichkeitsfaktoren, die Leben, Intelligenz und Zivilisation betreffen.

Symbol	Rate	Faktor	Bezeichnung
F_L	1:9	0,111...	Planeten mit Leben
F_i	1:14	0,071.428	intelligente Spezies
F_z	1:7,943	0,125.895	technologische Zivilisation
F_z	1:10,522	0,095.038	vergleichbare Zivilisation
F_z	1:32,448	0,030.817	raumfahrende Zivilisation

F_{Liz}	1:1.001	0,000.999	technologische Zivilisation
F_{Liz}	1:1.326	0,000.754	vergleichbare Zivilisation
F_{Liz}	1:4.089	0,000.244	raumfahrende Zivilisationen

7 – Überleben einer Zivilisation

7.1 - Entwicklungshindernisse einer Zivilisation

Damit sich eine Zivilisation derart erfolgreich entwickeln kann, dass sie Stufe 6 oder höher erreicht, muss sie mindestens vier weitere Schwierigkeiten meistern. Diese sind:

1) **Versorgungsmangel**
   In der Geschichte der Menschheit sind einige Kulturen wie z.B. die Maya oder auch die Anastasi durch Hungersnot verursacht, durch anhaltende Dürre und/oder Klimaverschiebung bzw. Klimawandel, zugrunde gegangen.
   Raubbau [1], Umweltverschmutzung [2] und Überbevölkerung [3] sind zusätzliche Risikopotenziale.

2) **Seuchen, Pandemie**
   Historisch waren die Pest und die „Spanische Grippe" die großen Seuchen, welche die Menschheit bisher heimgesucht haben. Heutzutage ist es z.B. das Ebola-Virus auf dem afrikanischen Kontinent. Aktuell (Jan. 2016) wird ein Ausbruch des Zika-Virus (Familie der Flaviviridae) als potenzielle Gefahr („Zika Fever") kontrovers diskutiert.
   Alle diese Pandemien haben das Potenzial die Menschheit auszurotten. So ist es den Indianern Nord- und Südamerikas ergangen, als die Europäer in ihrem Gebiet erschienen. [4]

3) **Krieg**
   Durch Kriege sind schon viele Staaten und Kulturen gefallen. Ein weiteres potenzielles Vernichtungsrisiko ist die Tatsache, dass die großen Industrienationen seit gut 60 Jahren über ausreichend Vernichtungskraft verfügen, um die Menschheit mehrmals auszulöschen. [5]

4) **Katastrophen**
   Regionale Katastrophen wie Vulkanismus als Lahar und pyroklastische Ströme oder Erdbeben durch Plattentektonik, sowie Tsunamis, Waldbrände und Hurrikans können sich zu erheblichen Schwierigkeiten in der menschlichen Entwicklung entwickeln. [6]

5) **Innere Konflikte**
   Ausfall der Infrastruktur durch Hackerangriffe oder Sabotage

sowie soziale Unruhen und Revolutionen können sich zu erheblichen Schwierigkeiten in der menschlichen Entwicklung entwickeln. [7]

Versorgungsmangel, Pandemien, Kriege, Katastrophen und innere Konflikte sind zum einen Teil kulturell bedingte Hindernisse zum anderen durch Umwelteinflüsse induziert.
Jede fortgeschrittene Zivilisation wird in ihrer Entwicklung diese Hindernisse zu meistern haben. Wobei fünf Chancen des Scheiterns bestehen. Demnach besteht für eine Zivilisation eine Chance von F_u = 1:6 zu überleben.

7.2 - Alter einer Zivilisation

Die heutige Menschheit existiert seit etwa 300.000 Jahren [8] und man kann davon ausgehen, dass sie auch noch mal 100.000 Jahre länger existieren wird. Zum Vergleich: die Kultur des Neandertalers existierte etwa 250.000 Jahre.
In Anbetracht der Überlegungen aus Kapitel 6.1 zu den Entwicklungsstufen, wo die mittlere Lebensdauer mit ΣT_m = 342.980 Jahren und ΣT_n = 297.292 Jahren, in einem ersten Ansatz ermittelt worden ist, kann jetzt definiert werden:

7.2.1 Axiom **Die mittlere Lebensdauer (Alter) einer technologischen Zivilisation wird auf L = 400.000 Jahre (Minimal) angesetzt.**

Man kann voraus setzen, dass eine alte Zivilisation mindestens doppelt so alt ist, wie von der mittleren Lebensdauer vorgegeben. Dies erlaubt folgende Definition:

7.2.2 Axiom **Unter einer <u>alten</u> Zivilisation ist eine Kultur zu verstehen, die mindestens eine Millionen Jahre alt ist.**

7.3 - Alte Zivilisationen in der Galaxie

Aus dem Grundmodell 6.3.3 entsteht folgende Gleichung:

7.3.1 Gleichung

$$N_{ue} = N_{ze} \cdot F_u$$
$$N_{ue} = A \cdot F_{sph} \cdot F_{gae} \cdot F_{Liz} \cdot F_u$$

Die Gleichung 7.3.1 beinhaltet alle *planetaren*, *biologischen* sowie *zivilisatorischen* Faktoren, welche die Entwicklung einer Zivilisation, durch eine intelligente Spezies, auf einer „Erde 2", in einem sonnenähnlichen Sternsystem, in unserer Galaxie, beeinflussen können.

Es ist davon auszugehen, dass die alten Zivilisationen sich aus der Menge der raumfahrenden Zivilisationen herausbilden. Daher ist $F_z =$ 225:7.301 und F_{Liz} = 1:4.089.

Einsetzen aller Werte (F_e = 0,1) in die Gleichung 7.3.1 liefert:

N_{ue1} = (100-300)·10^9 · 1:15.000 · 1:69 · 1:4.089 · 1:6
N_{ue1} = 4 – 12   „Erden 2" mit alten Zivilisationen

Einsetzen aller Werte (F_e = 0,01) in die Gleichung 7.3.1 liefert:

N_{ue2} = (100-300)·10^9 · 1:15.000 · 1:691 · 1:4.089 · 1:6
N_{ue2} = 1 – 2   „Erden 2" mit alten Zivilisationen

Die beiden Ergebnisse lassen sich dann zusammenfassen, zu folgender Aussage:

7.3.2 Satz   Es könnten zwischen 1 bis 12 alte technologische Zivilisationen, auf einer „Erde 2", in einem sonnenähnlichen Sternsystem, in unserer Galaxie existieren.

Die Wahrscheinlichkeit für eine habitable „Erde 2" mit einer alten technologischen Zivilisation, in sonnenähnlichen Sternsystemen, in unserer Galaxie, beträgt dann:

7.3.3 Definition $F_{ue} = F_{sph} \cdot F_{gae} \cdot F_{Liz} \cdot F_u$

F_{ue} = $F_{sph} \cdot F_{gae} \cdot F_{Liz} \cdot F_u$
F_{ue} = 1:15.000 · (1:69-1:691) · 1:4.089 · 1:6
F_{ue} = 1:25.392.690.000 – 1:254.294.910.000

Nur jedes **25,392 – 254,294 Milliardste** Sternsystem besitzt eine „Erde 2" mit einer alten technologischen Zivilisation.

7.4 - Zeitliche Verteilung von Zivilisationen

Mit den bisher ermittelten Wahrscheinlichkeiten lässt sich eine Rück-rechnung anstellen, wie viele Zivilisationen es seit der Entstehung der Galaxie gegeben haben könnte. Daraus lässt sich eine hypothe-tische **Zivilisationsentstehungsrate** ermitteln, die Aufschluss über die Häufigkeit von intelligentem Leben in der Galaxie geben kann.

R ist die mittlere Sternentstehungsrate pro Jahr in unserer Galaxie. Je nach dem, ob man Galaxien, Sternhaufen oder stellare Nebel be-trachtet, schwankt der Wert für R zwischen 4 und 19. Der Mittelwert beträgt dann 11,5. [9]
T_g ist das Alter unserer Galaxie, mit 13,2 Milliarden Jahre. [10]

Es wird zunächst S die Anzahl der Sterne ermittelt, die seit Entste-hung der Galaxie entstanden sind.

7.4.1 Gleichung $\qquad S = R{\cdot}T_g$

Im nächsten Schritt wird die maximale Anzahl der Zivilisationen be-stimmt, die seit Entstehung der Galaxie, möglich sein könnten. Dabei werden die **entfernt erdähnlichen Planeten** als Maßstab genom-men.
F_{ia} ist die Wahrscheinlichkeit für entfernt erdähnliche Planeten, mit intelligentem Leben, in dieser Galaxie. Nach den bisherigen Definiti-onen und nach den Regeln dieses Modells beträgt die Wahrschein-lichkeit:

$$F_{ia} = F_{sph} \cdot F_g \cdot F_a \cdot F_L \cdot F_i$$

Dann lässt sich die Anzahl M der intelligenten Spezies, die in der Zeitspanne T_g entstanden sind, so ermitteln:

7.4.2 Gleichung

$$M = S \cdot F_{ia}$$
$$M = R{\cdot}T_g \cdot F_s{\cdot}F_p{\cdot}F_h{\cdot}F_g{\cdot}F_a{\cdot}F_L{\cdot}F_i$$

Gleichung 7.4.2 lässt sich noch umformen in:

$$M = R{\cdot}T_g \cdot F_{sph} \cdot F_{ga} \cdot F_{Li}$$

Für die Faktoren werden die, bisher ermittelten, Werte benutzt:

R = 11,5 $\qquad$ mittlere Sternentstehungsrate
T_g = 13,2 Milliarden $\qquad$ Alter unserer Galaxie

$F_s = 0{,}28 \quad = 7{:}25 \quad$ sonnenähnliche Sternsysteme
$F_p = 0{,}014.4 \quad = 201{:}14.000 \quad$ Sternsysteme mit Planeten
$F_h = 0{,}016.6 \quad = 10{:}603 \quad$ Planeten in habitablen Zonen
$F_g = 0{,}368.8 \quad = 1.212{:}3.286 \quad$ etwa erdgroße Planeten
$F_a = 0{,}392.3 \quad = 51{:}130 \quad$ entfernt erdähnliche Planeten
$F_L = 0{,}111... \quad = 1{:}9 \quad$ Planeten mit Leben
$F_i = 0{,}071.4 \quad = 1{:}14 \quad$ Planeten mit intelligenten Spezies

$F_{sph} \quad = 0{,}28 \quad = 1{:}15.000$
$F_{ga} \quad = 0{,}142.8 \quad = 1{:}7$
$F_{Li} \quad = 0{,}007.9 \quad = 1{:}126$

Einsetzen der Werte in Gleichung 7.4.2 liefert das folgende Ergebnis. Seit der Entstehung der Galaxie sind demnach wahrscheinlich **M = 11.474 intelligente Spezies** entstanden. Damit lässt sich die mittlere Zivilisationsentstehungsrate ermitteln:

7.4.3 Gleichung

$$Z = \frac{T_G}{M}$$

$$\boxed{Z = \frac{1}{R \cdot F_s \cdot F_p \cdot F_h \cdot F_g \cdot F_a \cdot F_L \cdot F_i}}$$

Es ergibt sich eine mittlere **Zivilisationsentstehungsrate** von **Z = 1,15 Millionen Jahre pro Zivilisation.**

Die Zivilisationsentstehungsrate ist die mittlere Zykluszeit zwischen dem Erscheinen zweier Zivilisationen. Das lässt eine allgemeine Definition für **alte** Zivilisationen zu.

7.4.4 Definition   Unter einem *„Zivilisationszyklus"* ist die, durch die Zivilisationsentstehungsrate, definierte Zeitspanne zu verstehen.

7.4.5 Axiom   Unter einer <u>alten</u> Zivilisation ist eine Kultur zu verstehen, die mindestens einen „Zivilisationszyklus" überlebt hat.

7.4.6 Satz   Unter einer <u>alten</u> Zivilisation ist eine Kultur zu verstehen, die mindestens 1,15 Millionen Jahre alt ist.

7.5 - Besucher

Nach Satz 7.3.2 existieren **1 – 12** alte technologische Zivilisationen, in unserer Galaxie, die interstellare Raumfahrt betreiben. Wirklich alte Zivilisationen, also diejenigen die seit mehr als 1 Millionen Jahren bestehen, werden im Laufe ihrer Geschichte, daher einige Spezies gesehen haben, wie sie entstanden sind, sich entwickelten und wieder ausstarben. Unsere Zivilisation mit ihren wenig mehr als 300.000 Jahren, ist im Vergleich mit den gezeigten „galaktischen" Zeiträumen recht jung. Wir haben die technologische Stufe, somit Stufe 6, erst vor etwa 400 Jahren erklommen und sind gerade dabei die multiplanetare Stufe, also Stufe 7, zu entwickeln. Auf der galaktischen Ebene (Stufe 8) stellen wir allenfalls Neulinge dar.

Dann haben diese alten Zivilisationen jeweils mindestens 1 Millionen Jahre Zeit gehabt, die Galaxie zu erforschen und zu kartografierein. Folglich ist es unmöglich, dass sie die Erde dabei übersehen haben. Daher ist es logisch und wahrscheinlich, dass sie hier auch gelandet sind. Alte außerirdische Zivilisationen könnten die Menschheit daher schon seit Anbeginn ihrer Entwicklung besucht und kontaktiert haben. Das lässt folgende Hypothese zu:

7.5.1 Satz   **Die Erde, sowie die Menschheit seit Anbeginn ihrer Existenz, sind in der Vergangenheit, mehrfach von außerirdischen Spezies besucht worden.**

Diese Hypothese wird durch die Funde und Erkenntnisse der Prä-Astronautik unterstützt. Es existieren Artefakte wie Höhlenmalereien, Gebäude, Schädel, mittelalterliche Gemälde sowie weitere Indizien in Sagen, Mythen und Legenden der Völker, wie z.B. das Mahabharata, in dem von fliegenden Städten und Göttern erzählt wird.

UFO-Sichtungen sind seit dem Mittelalter dokumentiert und es liegen bis heute, allein bei *MUFON* im *„Hangar 1"*, über **70.000** Fälle vor. [11]

Seit dem Fall der Sowjetunion haben einige russische Archive geöffnet und so sind hunderte Sichtungen in Russland bekannt geworden. Außerdem gibt es hunderte von Sichtungen im asiatischen Raum und in Südamerika, jedes Jahr.

Das UFO-Phänomen ist **real** und **global**. Und ein Teil davon kann durch die **extraterrestrische Hypothese** erklärt werden. Das erlaubt die folgende Hypothese aufzustellen:

7.5.2 Satz   **Unser Planet wird auch heute noch von anderen Spezies besucht.**

8 – Das allgemeine Grundmodell

8.1 - Spektralklassen

Bei den bisherigen Betrachtungen wurden Sternsysteme untersucht, die einen sonnenähnlichen Zentralstern besitzen. Geht man davon aus, dass auch andere Sternsysteme, also **nicht Sonnenähnliche**, jeweils Häufigkeiten für technologische Zivilisationen aufweisen, dann lässt sich ableiten:

8.1.1 Gleichung $\qquad N_X = A \cdot F_X \cdot F_{ph} \cdot F_{gae} \cdot F_{Liz}$

Die Gleichung 8.1.1 gilt dann für die Sternenmengen die, jeweils durch einen Sonnentypus bzw. **Spektralklasse** [1] bedingt, gebildet werden.

Die Sonnen unserer Galaxie werden im sogenannten **Hertzsprung-Russel-Diagramm** [2] wiedergegeben, nach Farben und Leuchtkraft angeordnet. Es existieren gesamt **13** Spektraltypen.

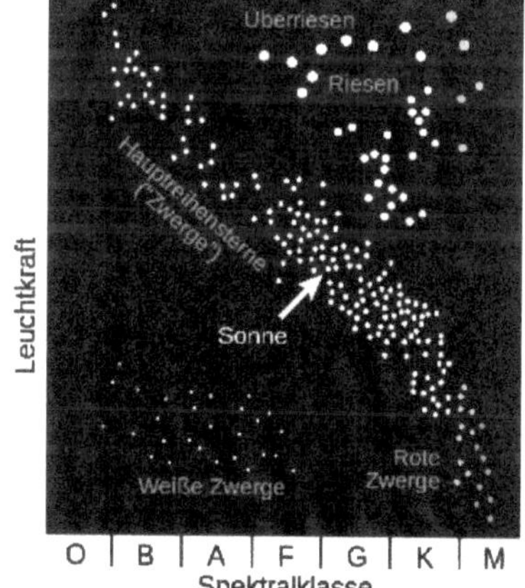

Wobei die Spektraltypen **O, B, A, F, K**, also die blauen, die blau-weißen, weißen, die weiß-gelben und die orangen Spektralfarben etwa **1 %** der Gesamtsterne ausmachen.

Hinzu kommen noch die Braunen Zwerge und die roten Riesen, also die Spektralklassen **L, T, Y, R, N, S**, die ebenfalls **1 %** der Gesamtsterne ausmachen.

Zwei Klassen sind bisher bekannt geworden. Und zwar die Menge der sonnenähnlichen **G-Sterne**, mit einer gelben Spektralfarbe und der Wahrscheinlichkeit $F_s = 0{,}28 = 7{:}25$.

Sowie die Menge der Roten Zwerge, also **M-Sterne** mit einer rot-orangen Spektralfarbe und einer Wahrscheinlichkeit von $F_{RZ} = 0{,}7 = 7{:}10$. Damit machen die beiden Spektralklassen **98 %** der Gesamtsterne in der Galaxie aus.

8.2 - Zivilisationen in der Galaxis

N_X stellt daher die Anzahl der Zivilisationen, bezüglich eines bestimmten Sonnentypus, dar. Um die Anzahl aller **Zivilisationen in der Galaxie** zu ermitteln, muss dann die Summe aus allen Teilergebnissen, also über **alle Spektralklassen** hinweg, gebildet werden:

8.2.1 Gleichung
$$N_{Ziv} = \sum N_X = \sum (A \cdot F_X \cdot F_{ph} \cdot F_{gae} \cdot F_{Liz})$$

Die Anzahl **A** der Sterne in der Galaxie ist bei allen Sterntypen gleich und kann daher aus der Summe gezogen werden:

8.2.2 Gleichung
$$N_{zexGal} = A \cdot \sum_{x=1}^{13} (F_x \cdot F_{phx} \cdot F_{gaex} \cdot F_{Lizx})$$

Die Wahrscheinlichkeiten F_X, F_{ph}, F_{gae}, F_{Liz} sind von der Spektralklasse der jeweiligen Sternenmenge abhängig. Das sind insgesamt **117** Variable, die zu bestimmen wären.
Alle Faktoren sind auf Dauer empirisch bestimmbar, nach Satz 6.1.2 innerhalb von 2 Jahrhunderten.

Gleichung 8.2.2 ist die Erweiterung des Gleichungssystems 6.3.3 und beinhaltet alle *planetaren und biologischen* Faktoren, welche die Entwicklung einer Zivilisation durch eine intelligente Spezies, auf einer „Erde 2" in der Galaxie, beeinflussen können.

Im weiteren Verlauf dieser Abhandlung wird die Gleichung 8.2.2 daher als „**Allgemeines Grundmodell**" bezeichnet.

Genau genommen müssten die Wahrscheinlichkeiten F_{ph}, F_{gae}, F_{Liz} für jede Spektralklasse einzeln ermittelt werden. Da das heute und in naher Zukunft aber noch nicht möglich ist, kann man eine Überschlagsrechnung bzw. Maximaleinschätzung dadurch erreichen, indem man, in einem ersten Ansatz, gleiche bzw. ähnliche Häufigkeiten annimmt.
Geht man davon aus, dass auch nicht sonnenähnliche Sterne, eine gleiche oder ähnliche Häufigkeit für technologische Zivilisationen aufweisen, so kann man eine Überschlagsrechnung machen, wie viele Systeme mit habitablen „Erden 2", die Zivilisationen tragen, existieren könnten.

8.2.3 Ansatz   In Sternsystemen, die nicht sonnenähnlich sind, bestehen wahrscheinlich die gleichen oder ähnliche Häufigkeiten, für erdähnliche Planeten, mit Zivilisationen, wie in sonnenähnlichen Systemen.

Die Zahl N_{zexGal} aller Sternsysteme mit habitablen, erdähnlichen Planeten, mit technologischen Zivilisationen in der Galaxie ($\Sigma F_x = 1$), ergibt sich dann näherungsweise zu:

8.2.4 Gleichung $N_{zexGal} = \Sigma N_{zex} \approx A \cdot F_{ph} \cdot F_{gae} \cdot F_{Liz}$

Einsetzen aller Werte ($F_e = 0{,}1$) in die Gleichung 8.2.4 liefert:

$N_{zexGal1} = (100\text{-}300) \cdot 10^9 \cdot 1\text{:}4.200 \cdot 1\text{:}69 \cdot 1\text{:}1.001$
$\mathbf{N_{zexGal1} = 345 - 1.034}$ **technologische Zivilisationen**

Einsetzen aller Werte ($F_e = 0{,}01$) in die Gleichung 8.2.4 liefert:

$N_{zexGal2} = (100\text{-}300) \cdot 10^9 \cdot 1\text{:}4.200 \cdot 1\text{:}691 \cdot 1\text{:}1.001$
$\mathbf{N_{zexGal2} = 35 - 104}$ **technologische Zivilisationen**

Die beiden Ergebnisse lassen sich zusammenfassen:

8.2.5 Satz   **Die Anzahl der Sternsysteme in der Galaxie, mit erdähnlichen Planeten, in habitablen Zonen, die Zivilisationen tragen könnten, ergibt sich maximal zwischen 40 und 1.000.**

Die Wahrscheinlichkeit einen erdähnlichen Planeten mit einer technologischen Zivilisation, zu finden beträgt dann:

8.4.6 Definition $F_{zexGal} = F_{ph} \cdot F_{gae} \cdot F_{Liz}$

F_{zexGal} $= 1\text{:}4.200 \cdot (1\text{:}69\text{-}1\text{:}691) \cdot 1\text{:}1.001$
F_{zexGal} $= 1\text{:}290.0892.800 - 1\text{:}2.905.102.200$

Nur jedes **290,089 Millionste – 2,905 Milliardste** Sternsystem besitzt dann einen erdähnlichen Planeten, mit einer technologischen Zivilisation.

8.3 - Die Drake-Gleichung

Die *Drake-Gleichung* [3] dient zur **Abschätzung** der Anzahl der intelligenten Zivilisationen in unserer Milchstraße. Sie wurde von **Frank Drake** [4], einem Astrophysiker, aus der USA, entwickelt.

Im November 1960 trafen sich, zum ersten Mal, Wissenschaftler verschiedener Fachrichtungen in Green Bank, um über die Wahrscheinlichkeit extraterrestrischer Intelligenzen und der Suche nach ihnen zu diskutieren. Frank Drake war dabei für die wissenschaftlichen Inhalte, mögliche Denkansätze und Theorien verantwortlich.

Für die Konferenz schrieb Drake einige wichtige Diskussionspunkte auf und fragte sich in welcher Abfolge die Themen behandelt werden sollten. Alle Tagesordnungspunkte besaßen die gleiche Wichtigkeit, standen aber in keinem direkten Verhältnis zueinander.

Drake ordnete jeden Tagungspunkt einem symbolischen Faktor zu. Sodann zog er die einzelnen Faktoren zu einer, aus simplen Multiplikationen bestehenden, Formel zusammen. Auf diese Art sollte die Anzahl hoch entwickelter und kommunikationsbereiter Zivilisationen, in der Galaxie, bestimmt werden können.

Frank Drake stellte diese Gleichung auf der Konferenz vor und sie wird seitdem auch als *Green-Bank-Formel* oder *SETI-Gleichung* bezeichnet. [5] (Frank Drake benutzt andere Indizes, als in Definition 2.7.2 angegeben)

8.3.1 Gleichung

$$N = R \cdot f_p \cdot n \cdot f_L \cdot f_i \cdot f_c \cdot L$$

R ist die mittlere Sternentstehungsrate pro Jahr [6] in unserer Galaxie. Je nach dem ob man Galaxien, Sternhaufen oder stellare Nebel betrachtet schwankt der Wert für R zwischen 4 und 19. Der Mittelwert beträgt dann **11,5**. Der universelle Wert wird mit **1,45** angegeben.

f_p ist die Wahrscheinlichkeit für ein Sternsystem mit Planeten. Hier wird der Wert aus den bisherigen Betrachtungen (Kapitel 1.3) genommen, also $f_p = F_p = 0,014.357 = 201:14.000$.

n ist die Anzahl der Planeten in der habitablen Zone. Da wahrscheinlich nur ein Planet in der habitablen Zone eine Zivilisation hervorbringt wird **n** gleich eins gesetzt. Die Erklärung dazu erfolgt weiter unten.

f_L ist die Wahrscheinlichkeit für Planeten, die Leben aufweisen. Auch hier wird der Wert aus den bisherigen Betrachtungen (Kapitel 4.2) genommen, somit f_L = F_L = 0,111... = 1:9.

f_i ist die Wahrscheinlichkeit für Planeten mit intelligenten Spezies, die technologischen Zivilisationen hervor gebracht haben.
Der Ansatz ist hier: f_i = F_i · F_z
Es wird der Wert aus den bisherigen Betrachtungen (Kapitel 5.3) für F_i genommen, somit F_i = 0,071.428 = 1:14.
Es wird auch hier der Wert aus den bisherigen Betrachtungen (Kapitel 6.4) für F_z genommen, somit F_z = 0,125.895 = 1:7.943.

Damit gilt insgesamt: f_i = F_i · F_z = 1:14 · 1:7,943 = 1:111,203.

f_c ist die Wahrscheinlichkeit für den Wunsch nach Kommunikation. Dieser Wert wird gleich **1** gesetzt. Die Erklärung dazu erfolgt weiter unten.

L ist die Lebensdauer einer technologischen Zivilisation. Wie im Axiom 7.2.1 definiert, wird die Lebensdauer auf minimal **400.000 Jahre** angesetzt.

N ist die Zahl der gegenwärtig vorhandenen (kommunikationswilligen und kommunikationsfähigen) technologischen Zivilisationen, in der Galaxie.

Die Drake-Gleichung kann jetzt als Funktionen der Parameter des Grundmodells ausgedrückt werden:

8.3.2 Gleichung $N = R · F_p · n · F_L · F_{iz} · f_c · L$

Einsetzten der Werte, in die Drake-Gleichung 8.3.1:

N = (1,45-19) · 201:14.000 · 1 · 1:9 · 1:111,203 · 1 · 400.000
N = 9 - 109   außerirdische technologische Zivilisationen

Die **Drake-Gleichung** lässt sich in das Grundmodell transformieren und ist daher äquivalent und vergleichbar zur Gleichung 8.2.2 aus dem **Allgemeinen Grundmodell**, die alle technologischen Zivilisationen in der Galaxie, auf erdähnlichen Planeten, beschreibt.

8.4 - Die Seager Gleichung

Sara Seager [7] ist eine kanadisch-amerikanische Astrophysikerin (*1971). Sie stellte einen veränderten Ansatz zur Drake-Gleichung auf. Dieser Ansatz wird als **Seager-Gleichung** und manchmal auch als **Drake-Seager-Gleichung** bezeichnet.

Im Unterschied zur Drake-Gleichung arbeitet ihr Ansatz nicht mit der Sternentstehungsrate, sondern mit einer festen Menge von Sternen, nämlich Systeme aus der Spektralklasse **M**.

Seagers Ansatz beschränkt sich dabei auf die sogenannten M-Sterne, auch rote Zwerge genannt und auch dem zukünftigen *James Webb Space Telescope* (JWST), [8] sowie der geplanten TESS-Raumsonde (*Transiting Exoplanet Survey Satellite*). [9]

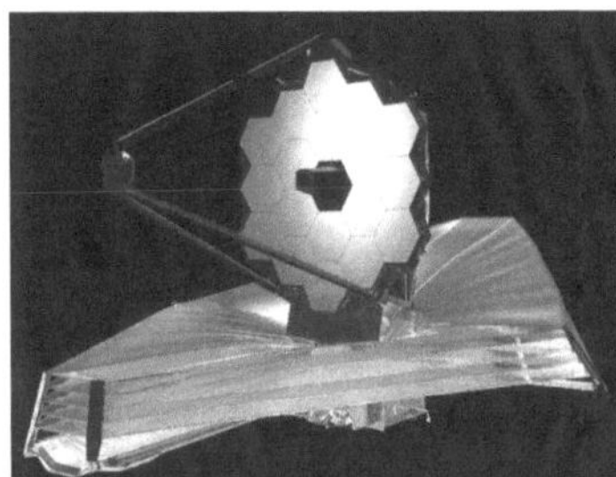

JWST

TESS

Das James Webb Space Telescope ist praktisch der Nachfolger für das Hubble-Teleskop und soll 2021 gestartet werden. Der TESS-Satellit ist am 18. April 2018 auf die Reise gegangen, um mittels der Transitmethode, nach Exoplaneten Ausschau zu halten. (Sara Seager benutzt andere Indizes, als in Definition 2.7.2 angegeben)

Die Seager-Gleichung lautet:

8.4.1 Gleichung

$$N = N^* \cdot f_Q \cdot f_{HZ} \cdot f_O \cdot f_L \cdot f_S$$

Die im Folgenden angegebenen Werte für die Wahrscheinlichkeitsfaktoren entstammen einem Dokument, dass Sara Seager ins Internet gestellt hat. [10]

N* steht für die Zahl der M-Sterne (Rote Zwerge), die sich mit den

kommenden Teleskop JWST untersuchen lassen. (30.000 - 50.000)
f_Q steht für den Anteil der ruhigen M-Sterne. Die Menge der unruhigen Sterne, die immer wieder große Mengen Gammastrahlen ins All schleudern beträgt 20 %.

f_{HZ} ist der Anteil derjenigen Systeme, die einen Planeten in der habitablen Zone haben. (cirka 15 %)

f_O beziffert den Anteil derjenigen Planeten, die für das JWST sichtbar an ihrem Stern vorüberziehen (1 % der potenziell beobachtbaren Planeten zieht vor seinem Stern vorüber, 10 % davon sind nah genug an der Erde für eine Beobachtung) (0,01 x 0,1= 0,001).

f_L stellt den Anteil der belebten Planeten dar. Der Faktor wird gleich eins gesetzt, da man davon ausgeht, dass auf jedem habitablen Planeten auch Leben entstehen könnte.

f_S ist eine messbare Biosignatur, in der Atmosphäre. (50 %)

Einsetzen der Werte in die Gleichung 10.1.1 ergibt:

$N = (30.000 \text{ bis } 50.000) \cdot 0{,}8 \cdot 0{,}15 \cdot 0{,}001 \cdot 1 \cdot 0{,}5$
N = 1,8 – 3   technologische Zivilisationen

Laut Sara Seager gilt **N = 2**. Dieses Ergebnis zeigt, dass intelligentes Leben auch bei roten Zwergen, als Zentralgestirn, möglich ist.

Die Seager-Gleichung behandelt nur eine gewisse Menge von roten Zwergsternen, also Sterne der Spektralklasse M, nämlich nur solche Sterne, die durch das JWST-Teleskop erfasst werden können.
Die Seager-Gleichung lässt sich aber auch auf **alle roten Zwergsterne**, in der Galaxie, ausweiten.
Die **erweiterte Seager-Gleichung** für **rote Zwerge** liefert **14 – 40** technologische Zivilisationen, in der Galaxie.
Die Seager-Gleichung behandelt nur die (ruhigen) roten Zwerge. Man kann die Betrachtung hier ausweiten und auch auf andere Mengen von Sternen beziehen, z.B. auf **G-Sterne**, also die **sonnenähnlichen Sterne**.
Die Seager-Gleichung wird dann zum Gleichungssystem 6.3.3 **kompatibel** und lässt sich **vollständig** durch die, in den Kapiteln 1 bis 7, gefundenen Beziehungen bzw. Formelzeichen **ersetzen**.
Die **transformierte Seager-Gleichung** für G-Systeme liefert **32 – 94** technologische Zivilisationen, in der Galaxie.

8.5 - Der allgemeine Ansatz

Bei den bisherigen Betrachtungen wurden Sternsysteme untersucht, die einen sonnenähnlichen Zentralstern besitzen. Geht man davon aus, dass auch andere Sternsysteme, also **nicht Sonnenähnliche**, jeweils Häufigkeiten für technologische Zivilisationen aufweisen, dann lässt sich aus der Seager-Gleichung ableiten:

8.5.1 Gleichung $\quad N_X = A \cdot F_X \cdot F_{ph} \cdot F_k \cdot F_{Liz}$

N_X stellt daher die Anzahl der Zivilisationen, bezüglich eines bestimmten Sonnentypus, dar. Um die Anzahl aller **Zivilisationen in der Galaxie** zu ermitteln, muss dann die Summe aus allen Teilergebnissen, also über **alle Spektralklassen** hinweg, gebildet werden:

8.5.2 Gleichung $\quad N_{Ziv} = \sum N_X = \sum (A \cdot F_X \cdot F_{ph} \cdot F_k \cdot F_{Liz})$

Die Anzahl **A** der Sterne in der Galaxie ist bei allen Sterntypen gleich und kann daher aus der Summe gezogen werden:

8.5.3 Gleichung
$$N_{zivGal} = A \cdot \sum_{x=1}^{13} (F_x \cdot F_{ph} \cdot F_k \cdot F_{Liz})$$

Die Wahrscheinlichkeiten F_X, F_{ph}, F_{Liz} sind von der Spektralklasse der jeweiligen Sternenmenge und F_k von dem verwendeten Beobachtungsinstrument abhängig. Alle Faktoren sind auf Dauer empirisch bestimmbar, nach Satz 6.1.2 innerhalb von 2 Jahrhunderten.

Basierend auf dem Seager-Ansatz stellt Gleichung 8.5.3 die allgemeinste Form dar, in der die Thematik intelligentes Leben bzw. technologische Zivilisationen, auf einem habitablen Planeten, in der Galaxie, mathematisch dargestellt werden kann.

Die Gleichung 8.5.3 wird daher als „Allgemeiner Ansatz" bezeichnet.
Eine Überschlagsrechnung mit dem **Allgemeinem Ansatz** für habitable Planeten liefert **46 – 134** technologische Zivilisationen, in der Galaxie.

9 – Ein Blick in die Zukunft

9.1 - Die Kardaschow-Skala

Die Kardaschow-Skala geht auf den russischen Astronomen Nikolai Kardaschow zurück, der 1964 eine Kategorisierung der Entwicklungsstufen extraterrestrischer Zivilisationen nach deren Energiegebrauch entwarf. [1]

Die Kardaschow-Skala besitzt ursprünglich drei Kategorien, wird heute aber etwas erweitert. Eine Zivilisationen wird auf Basis ihrer Energienutzung eingeordnet.

Typ 0: Die Zivilisation ist auf der bisherigen technologischen Stufe der Erde, 1960-90

Typ I: Die Zivilisation ist in der Lage die gesamte auf einem Planeten verfügbare Leistung zu nutzen

Typ II: Die Zivilisation ist in der Lage, die Gesamtleistung ihres Zentralsterns zu nutzen

Typ III: Die Zivilisation ist in der Lage, die Gesamtleistung einer Galaxie zu nutzen

Zwischenwerte sind in der ursprünglichen Kardaschow-Skala nicht vorhanden. Carl Sagan hat 1973, mit Hilfe einer angepassten Gleichung, den Status des Menschen auf 0,7 extrapoliert.

Erst wenn eine Zivilisation die Stufe 7 erreicht hat, also in der Lage ist das eigene Sonnensystem zu besiedeln, kann sie die Technologien entwickeln, die notwendig sind, um die verfügbare Leistung des Heimatplaneten zu nutzen. Also erst mit Entwicklungsstufe 7 ist eine Zivilisation in der Lage die Stufe I auf der Kardaschow-Skala zu erreichen.

Bei Etablierung der Stufe 7, also wenn eine Spezies Planeten, Monde und Asteroiden in seinem Sonnensystem besiedelt hat, ist sie erstmals in der Lage auch kosmische Katastrophen zu überleben.

9.2 - Zukünftige Zivilisationsformen

Es existieren mehrere Möglichkeiten wie sich eine Zivilisation zukünftig entwickeln kann. Mit diesen Möglichkeiten ist es wie mit den Zivilisationsstufen 9 und 10. Die können zwar angedacht werden aber uns fehlen da die Erfahrungswerte oder wir wissen einfach nicht ob das überhaupt möglich ist.

Außer Aussterben, Degenration und Militär- oder anderen Diktaturen gibt es nach unserer Sicht für eine Zivilisationen eine erste Entscheidungsmöglichkeit, in der Wahl einen technologischen Weg oder einen ökologischen Weg zu gehen. Daher kann man die Zivilisationen erst mal in zwei Gruppen aufteilen:

1) biokonservative Zivilisationen
2) technokratische Zivilisationen

1) biokonservative Zivilisation
Biokonservative Zivilisationen sind Kulturen die im Einklang mit der Natur leben und regenerierbare Energien nutzen, keine Übertechnisierung oder Überbevölkerung betreiben und planetar mehr agrar strukturiert sind. Solche Zivilisationen habe eine mehr spirituell oder ökologisch ausgerichtete Einstellung und sind mehr an Erhaltung und Nachhaltigkeit interessiert, als an technologischem Fortschritt oder Expansion.

2) technokratische Zivilisation
Technokratische Zivilisationen ermöglichen zivilisatorische Entwicklung durch technologischen Fortschritt auf allen Ebenen. Es existiert eine erforschende, expansive Einstellung.

Es gibt folgende Möglichkeiten der weiteren Entwicklung:

a) Nomaden Zivilisation
b) technologische Zivilisation
c) autoevolutive Zivilisation
d) AI-Zivilisation
e) Roboter Zivilisation

Dabei stellen sich die einzelnen Zivilisationsformen wie folgt dar:

a) Nomaden Zivilisation
Wenn eine Zivilisation lange interstellare Raumfahrt betreibt ist es durchaus möglich das sie sich **ganz in den Weltraum begibt**. Man kann daher einkalkulieren, dass außerirdische Zivilisationen existie-

156

ren, die ein Leben im All, auf ihren Generationenraumschiffen oder fliegenden Städten oder ähnlichem dem auf Planeten bevorzugen. Also so auch zusätzliche Heimstätten schaffen

b) technologische Zivilisation
Technologische Zivilisationen lassen sich darstellen wie in vielen SF-Filmen, z.B. Star Trek oder Stars Wars. Solche Zivilisationen haben die Einstellung, dass zivilisatorische Entwicklung durch technologischen und wissenschaftlichen Fortschritt auf allen Ebenen ermöglicht wird, und daher meist eine expansive Einstellung.

Zivilisationen die technologisch weit genug fortgeschritten sind könnten nicht nur Planeten, die dem Heimatplaneten ähnlich sind, besiedeln sondern auch **Geoengineering** oder **Terraforming** betreiben. Damit also Planeten passend machen.

c) autoevolutive Zivilisation
Eine Zivilisation die die DNS entschlüsselt hat, betritt damit die **autoevolutive** Stufe. Durch DNS-Manipulation ist es möglich einen ganz eigenen Evolutionsstrang zu beschreiten.
Bei einer autoevolutiven Zivilisation besteht die Gefahr, dass diese sich in eine **genetische Sackgasse** hinein steuert.

d) AI-Zivilisation
In einer AI-Zivilisation sind maschinelle Intelligenz und menschliches Bewusstsein miteinander gekoppelt oder verschmolzen. Eine Kopplung dürfte in jedem Fall möglich sein, aber es ist fraglich ob eine Verschmelzung überhaupt machbar ist Bewusstsein und KI konnten so inkompatibel sein, dass das Hochladen oder kopieren eines Bewusstseins in einen Speicher einfach nicht geht. Es ist ebenso fraglich ob sich durch KI ein echtes Bewusstsein erzeugen lässt.
Andernfalls sind der Entwicklung kaum Grenzen gesetzt. Es könnten dann auch kybernetische Lebewesen in Hardware wie Software existieren.

e) Roboter Zivilisation
Denkbar sind noch reine Roboter-Zivilisationen. Eine Möglichkeit wäre die Entwicklung aus einer AI-Zivilisation. Eine andere Möglichkeit wäre die Entwicklung und Herstellung durch eine Spezies und anschließende Separation von dieser.
Allerdings ist auch hier fraglich ob so etwas überhaupt existieren kann. Hier ist fraglich ob sich durch KI ein echtes Bewusstsein erzeugen lässt.

9.3 - Tochterzivilisationen

Aufgrund der Endauswertung in dem Buch *„Wahrscheinlichkeiten in der Galaxie für Leben, Intelligenz und Zivilisation"* könnten bis zu **14** alte Zivilisationen in der Galaxie existieren. Es ist nicht auszuschließen das diese Zivilisationen auch Tochterzivilisationen in anderen Planetensystemen gegründet haben.

Tochterzivilisationen sind erst ab der interstellaren Stufe 8 möglich. Erst wenn eine Spezies eine Tochterzivilisation gegründet hat, ist ihr kosmisches Überleben gesichert.

Man müsste definieren was bestimmend ist für die Gründung neuer Zivilisationen, also welche Menge von Voraussetzungen erfüllt sein müssen.

1) Der Wille eine Tochterzivilisationen zu gründen

2) Interstellare Raumfahrt + ausreichende Transportkapazitäten

3) Ausgangsplanet: Rohstoffe + tech. Ressourcen + Personal

4) Zielplanet: passende Planetare Voraussetzungen

5) Zielplanet: passende Umweltbedingungen

6) Zielplanet: Rohstoff + Technologie diese zu verwerten

7) Vorräte + Technologie um mindestens 10.000 Lebewesen am Leben zu erhalten
architektonische, argraische, ökologische Technologie, Infrastruktur, Energieerzeugung

8) Organisation eine solche Lebensgemeinschaft zu managen
Unterkünfte, Material (Werkzeuge, Ausrüstung), Fahrzeuge, Personal

Um ein solches Unterfangen zu realisieren bedarf es globaler Ressourcen und Zusammenarbeit. Sowie Zeit. Eine hochtechnologische Zivilisation könnte wahrscheinlich so eine Tochterzivilisation pro Jahrhundert gründen.

Tochterzivilisationen sind von **v** Voraussetzungen abhängig. D.h. sie bilden die Menge **V** der **Zivilisationsvoraussetzungen** für Tochterzivilisationen.

Dann trägt jedes Element einen Beitrag zur Gesamtwahrscheinlichkeit bei. Eine Differenzierung der einzelnen Anteile erhält man noch dadurch, dass man die einzelnen Elemente **gewichtet**, mit den Faktoren w_j.

Die Gesamtwahrscheinlichkeit eine Tochterzivilisation zu gründen ist dann die Summe aus den gewichteten Einzelwahrscheinlichleiten.

9.3.1 Gleichung

$$F_{Tochter} = \frac{1}{v(v+1)} \sum_{j=1}^{v} w_j$$

Dabei muss die Wahrscheinlichkeit für eine Tochterzivilisation bei jeder Spezies einzeln ermittelt werden.

Eine **effektive Expansionsrate für Zivilisationen** lässt sich so definieren:

9.3.2 Definition E_{Ziv} = Kolonie/Jahrhundert

Dann lässt sich die Gesamtwahrscheinlichkeit für eine Tochterzivilisation folgendermaßen in eine Expansionsrate für Zivilisationen umwandeln:

9.3.3 Definition $E_{Ziv} = y_{Ziv} \cdot F_{Tochter}$

y_{Ziv} ist die **wahrscheinliche Expansionsrate** für Zivilisationen. Mit y_{Ziv} ist Element der reellen Zahlen.
Dann ergibt sich die **Anzahl** der Tochterzivilisationen in einem Zeitraum **T**, wobei T in Jahrhunderten angegeben wird:

9.3.4 Definition $N_{Tochter} = T \cdot E_{Ziv}$
$N_{Tochter} = T \cdot y_{Ziv} \cdot F_{Tochter}$

Das gilt für **eine** Zivilisation. Jetzt muss noch die Summe über alle alten Zivilisationen gebildet werden um die Gesamtzahl der Tochterzivilisationen in der Galaxie zu erhalten.

9.3.5 Gleichung $N_{TochterGesamt} = \sum N_{Tochter} = \sum T \cdot E_{Ziv} = T \cdot \sum E_{Ziv}$
$N_{TochterGesamt} = T \cdot \sum (y_{Ziv} \cdot F_{Tochter})$

Damit ergibt sich insgesamt für die **Anzahl der Tochterzivilisationen** in der Galaxie innerhalb der Zeitspanne **T**:

9.3.6 Gleichung

$$N_{Tochter} = T \cdot \sum^{Civ}\left(\frac{y_{Civ}}{v(v+1)} \sum_{j=1}^{v} w_j \right)$$

Die einzelnen Variabeln in Gleichung 9.3.6 sind zur Zeit nicht bekannt. Es lässt sich aber eine Überschlagsrechnung machen.

Die Gewichtungsfaktoren w_j werden gleich eins gesetzt:
$w_1 = w_2 = ... = w_j = ... = w_n = 1$

Daraus folgt: **$\Sigma\,w_j = 8$**

Es existieren 14 alte Zivilisationen: **Ziv = 14**

wahrscheinliche Expansionsrate: **y_{Ziv} = 1 Kolonie/Jahrhundert**

Zeitspanne: **T = 1 Millionen Jahre = 10.000 Jahrhunderte**

Es gibt **v** Voraussetzungen: **v = 8**　　　**=>**　　　**v + 1 = 9**

Setzt man alle Werte in Gleichung 9.3.6 ein, ergibt sich:

$N_{TochterGesamt}$ = 10.000 * Σ (1*8/(8*9)) = 10.000 * Σ (1/9)

$N_{TochterGesamt}$ = 10.000 *14/9 = 15.555

Es könnten etwa 16.000 Tochterzivilisation existieren.

Es könnten bis zu **14** alte Zivilisationen in der Galaxie existieren. Wenn jede pro Jahrhundert **1** Tochterzivilisation produziert, sind das maximal **14** Kolonien pro Jahrhundert.
Nach **1.000** Jahren sind das etwa **140** Tochterzivilisationen und nach **10.000** Jahren sind das etwa **1.400** Tochterzivilisationen und das sind mehr als Zivilisationen wie schon da sind. (Nach Satz 6.4.1 sind es bis zu 290 technologische Zivilisationen).

Eine alte Zivilisation die expansiv Tochterzivilisationen bildet, müsste nach ein paar zehntausend Jahren Teile der Galaxie besiedelt haben, mit mindestens **100 – 1000** Sternsystemen.

Damit könnte die Zahl aller Tochterzivilisationen größer sein als die gesamte restliche intelligente Population in der Galaxie.

9.4 - Ausdehnung einer Zivilisation

Tochterzivilisationen sind wahrscheinlich radial angeordnet um den Heimatplaneten. So entsteht im Laufe der Zeit eine Blasen- bzw. **Kugelform**, die man als Einflusssphäre einer Spezies bezeichnen kann.

> 100 Tochterzivilisation in einer Kugelsphäre von 1.300 Lj Radius.

Die Dicke der Milchstraßenscheibe beträgt 3.000 Lj. Damit müssen sich Zivilisationen mit mehr als 100 Kolonien **zylinderförmig** in der Galaxie ausbreiten.

> 1.000 Tochterzivilisation mit 3.900 Lj Zylinderradius.
> 2.500 Tochterzivilisation mit 6.500 Lj Zylinderradius.

Verteilt man die 14 alten Zivilisationen gleichmäßig in der Galaxie dann beträgt die mittlere Entfernung etwa 12.150 Lichtjahre. Wenn es allen alten Kulturen gelungen wäre 3.000 Kolonien und mehr zu errichten, müssten sich deren Einflusssphären berühren oder **überlappen**.

Eine Konsequenz dieser galaktischen zivilisatorischen Situation ist, dass so etwas wie eine **galaktische Ordnung** bestehen muss, in der jede Spezies zumindest den Raum einer anderen Spezies anerkennt.

9.5 - Expansion von Zivilisationen

Aufgrund der Endauswertung in dem Buch „Wahrscheinlichkeiten in der Galaxie" könnten etwa 10.000 belebte „Erden2" und 80.000 unbelebte „Erden 2" sowie 7 Mill. erdgroße Planeten in der Galaxie existieren.
Siedlungskapazität: 1 Tochterzivilisation pro Jahrhundert

Für eine Spezies gilt:

Nach 1 Millionen Jahren sind alle belebten „Erden 2" besiedelt.
Nach 9 Millionen Jahren sind alle „Erden2" besiedelt.
Nach 700 Millionen Jahren sind alle erdgroßen Planeten besiedelt.

Es ist zu bezweifeln dass eine Spezies über Millionen Jahre hinweg jedes Jahrhundert eine Kolonie produziert. Und es ist ebenso zu bezweifeln, dass eine Spezies 700 Millionen Jahre überlebt. Daraus lässt sich schließen:

Es ist für eine Spezies in der Regel nicht möglich die ganze Galaxie zu besiedeln.

Es existieren bis zu 14 alte Zivilisationen in der Galaxie. Für alle alten Spezies gilt:

Nach 100.000 Jahren sind alle belebten „Erden2" besiedelt.
Nach 900.000 Jahren sind alle „Erden2" besiedelt.
Nach 70 Millionen Jahren sind alle erdgroßen Planeten besiedelt.

Nach 1 Millionen Jahren sind alle „Erden2" besiedelt. Das ist auch die Mindestlebensspanne einer alten Zivilisation. Daraus folgt:

Es ist wahrscheinlich das große Teile der Galaxie bereits besiedelt sind.

9.6 - Expansion der Menschheit

Insgesamt ergeben sich für alte Zivilisationen eine Vielzahl von Ausbreitungsmöglichkeiten. Zu deren größeren Gebieten kommen nach der Endauswertung in „Wahrscheinlichkeiten in der Galaxie" noch **82** raumfahrende Zivilisationen hinzu. Daher dürfte der meiste Platz in der Galaxie bereits besetzt sein. Man kann, aufgrund der Daten dieses Buches, dazu eine **Überschlagsrechnung** machen.

Es könnten weiterhin 5.800 bis 10.000 unbewohnte, aber belebte erdähnliche Planeten in der Galaxie existieren. Die mittlere Entfernung dieser Systeme zueinander beträgt dann 1.360 - 1.700 Lichtjahre.
Es könnten bis zu 14 alte Zivilisationen in der Galaxie existieren.

Wenn jede alte Zivilisation **100** Tochterzivilisationen gegründet hat, sind das schon 1.400 Systeme. Dazu kommen noch 82 raumfahrende Zivilisationen hinzu. Macht gerundet gesamt 1.500 bewohnte Sternsysteme. Dann hat jedes System einen Spielraum bzw. Territorium von 1.300 Lichtjahren Radius.

In unser Territorium würden **26** unbewohnte belebte erdähnliche Planeten **124** unbelebte erdähnliche Planeten sowie **4.900** erdgroße Planeten entfallen.

Bei einer Zivilisationsrate von 1 Tochterzivilisation pro Jahrhundert bräuchte die Menschheit etwa 500.000 Jahre um alle Planeten zu besiedeln.

Wenn jede alte Zivilisation **1.000** Tochterzivilisationen gegründet hat, sind das schon 14.000 Systeme. Dazu kommen noch 82 raumfahrende Zivilisationen mit jeweils einer Tochterzivilisation hinzu.

Macht gerundet gesamt 14.200 bewohnte Sternsysteme. Dann hat jedes System einen Spielraum bzw. Territorium von 600 Lichtjahren Radius um sich.

In unser Territorium würden **8** unbewohnte belebte erdähnliche Planeten **26** unbelebte erdähnliche Planeten sowie **730** erdgroße Planeten entfallen.

Bei einer Zivilisationsrate von 1 Tochterzivilisation pro Jahrhundert bräuchte die Menschheit etwa 80.000 Jahre um alle Planeten zu besiedeln.

D.h. für weiterreichende bzw. lang anhaltende Expansionspläne der Menschheit in der Galaxie wird es daher nicht einfach werden.

Der ehemalig führende Lockheed-Wissenschaftler **Boyd Bushman** (siehe Seite 53) gab an, dass eine Alien-Rasse **68** Lichtjahre entfernt leben würde.

Das bedeutet aber, dass Aliens bereits in „unserem" Territorium leben würden. Was darauf schließen lässt, dass große Teile der Milchstraße bereits besiedelt sind.

D.h. für Expansionspläne der Menschheit in der Galaxie wird es unter den widrigsten Umständen gar nicht gehen, da **zu wenig** freier Raum vorhanden ist.

Teil 3

Konsequenzen

1 – Evolution

1.1 - DNS

Was eigentlich ist die DNS?

Es existieren DNS: Dexoyribonukleinsäure und RNS: Ribonuklein-
säure. [1]

Es geht um den genetischen Code, der eine Übersetzungsanleitung
darstellt, mit dem eine Basensequenz (Abfolge von Basenpaaren)
abgelesen wird. Das ist die sogenannte Erbinformation. Diese beschreibt, wie, wann und wo, ein Protein (Eiweißbaustein) in der Pro-
teinbiosynthese (im Alltag der Zelle) hergestellt wird.

Als Basenpaar bezeichnet man die Bindung zwischen zwei Nukleotiden innerhalb einer Nukleinsäure. Dabei geht ein Purinderivat mit
einem Pyrimidinderivat eine Verbindung ein. Man spricht daher von
komplementären Basen. Sie werden auch als Watson-Crick-Basen-
paare bezeichnet, nach ihren Entdeckern James D. Watson und
Francis Harry Compton Crick. [2]

Ein Basentriplett [3] codiert die Bauanleitung für ein Protein. Die Basen sind Adenin, Guanin, Cytosin und Uracil in der RNS, sowie
Thymin in der DNS. Ein Basentriplett, z.B. [AGU] beschreibt den Bau
des Proteins „Serin". Dieser genetische Code ist bei allen bekannten
Arten von Lebewesen in den Grundzügen etwa gleich.

Je komplexer Lebewesen sind, desto höher scheint der Anteil genetischer Information zu sein, der **nicht** in Proteine übersetzt wird. Ein
erheblicher Teil an nicht-kodierender DNS wird zwar in RNS übertragen, doch nicht in Eiweißbausteine umgesetzt.

Heute ist bekannt, dass es auf der DNS Histone [4] gibt, deren Funktion noch nicht eindeutig geklärt ist. Diese Proteineinheiten sorgen
dafür, welche Teile des Bauplans abgelesen werden. [5] Damit wird
erklärbar, was Dr. Guido Ebener und Heinz Schürch während ihrer
Tätigkeit in den 80er Jahren bei dem Schweizer Pharma-Konzern
CIBA entdeckten. Es konnten bei ihren Untersuchungen uralte, ab-
geschaltete Gensequenzen, durch elektrostatische Felder, aktiviert
werden und Frühformen von Lachsen, Farnen, Mais und Weizen re-
aktiviert werden, die man bis dahin nur als fossile Formen kannte. [6]
Das Projekt wurde in einem Buch veröffentlicht und unter dem Namen „*Urzeit-Code*" bekannt und ist ebenfalls gut im Internet publiziert. [7]

Daher ist es denkbar, dass eine nicht unterbrochene Lebensform
sich hätte weiter entwickeln können, wenn sie nicht – wodurch auch
immer – ausgestorben wäre. Genauso ist es denkbar, dass durch eine Änderung der planetaren Verhältnisse und der damit einherge-
henden Änderung der elektromagnetischen oder anderweitigen Um-

166

gebung auch andere Gen-Abschnitte auf der DNS abgelesen werden können.

1.2 - Chromosomen

Wenn, nach dem Axiom 1.5.1, die DNS [8] der universelle Bauplan für alle Lebewesen ist, dann verbleiben eigentlich nur zwei Fragen:

1) Gilt die DNS wirklich „universell" - also für das ganze Universum, mit all seinen Galaxien? Oder nur für unsere Galaxie?

2) Was ist auf der DNS alles codiert? Was steht in dem Bauplan, in dieser Blaupause?
   Die Frage ist deshalb interessant, weil die DNS eines Orang-Utang fast genauso lang ist, wie die eines Menschen – der Unterschied wird mit etwa 4% angegeben. Darf man daraus auch schlussfolgern, dass Intelligenz, Phantasie und Schaffenskraft von diesen 4% Differenz des gesamten Bauplans abhängen?

3) Gibt es andere Informationsträger innerhalb der DNS, die noch nicht entschlüsselt sind?

James Watson [9] und Francis Crick [10] entdeckten 1962 die Struktur der DNS und damit startete die Entschlüsselung des menschlichen Genoms. Das HGP (*Human Genome Project*, Gründung 1990) verkündete innerhalb von rund 11 Jahren die vollständige Sequenzierung des menschlichen Genoms, (Abschluss des Projektes war 2013) mit dem überraschenden Ergebnis, dass Maus, Schwein und Mensch sich „bauplantechnisch" höchst ähnlich sind. [11] Der „bauplanmäßige" Unterschied bezieht sich auf die Anzahl der Chromosomen, damit ist die „Menge der Erbinformation" gemeint.
Chromosomen [12] sind große Komplexe von Makromolekülen, die Gene enthalten. Chromosomen bestehen aus DNS. Ein anderer Name für diese „Packung" ist Chromatin. Chromosomen kommen in den Zellkernen von Menschen, Tieren, Fischen, Pflanzen, Pilzen und in allen Lebensformen vor, die einen Zellkern besitzen. Bakterien besitzen keinen Zellkern und damit auch keine Chromosomen im klassischen Sinne.
In dem Chromosom ist die DNS und auf der DNS sind die Codons [13] angeordnet. Ein Codon ist eine Abfolge von drei Basen (d.h. drei Nukleotiden).

Die DNS ist wiederum in eine Hülle von speziellen Proteinen gepackt (Histone), [14] denen wahrscheinlich ebenfalls Aufgaben zukommen, die über die reine „Verpackung" hinaus gehen.

Mit nur wenigen Prozent Unterschied, bezogen auf die gesamte Menge der Chromosomen stellen sich die Baupläne von Säugern wie Affe, Mensch, Amsel, Schildkröte und Tintenfisch so dar.

* = Anzahl der Chromosomen [15]

Säuger	*	Fische	*	Vögel	*
Mensch	46	Katzenhai	24	Haushuhn	78
Schimpanse	48	Goldfisch	94	Amsel	80
Delphin	44	Neunauge	174		

Der Bauplan des Neunauges mit 174 Chromosomen und des Hundes mit 78 Chromosomen sollte uns etwas Respekt abgewinnen. Ganz zu schweigen vom Acker-Schachtelhalm mit 216 oder gar dem Schmetterling mit 446 Chromosomen.

Reptilien	*	Wirbellose Tiere	*
Alligator	32	Honigbiene (Apis) weiblich/männlich	32/16
Blindschleiche	44	Sonnentierchen	44
Sumpfschildkröte	50	Gefleckte Weinbergschnecke	54
Zauneidechse	38	Tintenfisch (Sepia)	12

Im Chromosom des Schmetterlings ist die ganze Metamorphose enthalten. Diese selbst stellt eine Wandlung eines Lebewesens in einer Komplexität dar, die uns nicht weiter auffällt, weil es zu unserem Leben gehört, aber unserer eigenen Biochemie fremd ist da sich hier der gesamte Organismus verändert, inklusive Form, Gestalt und Fressverhalten, sowie Fortbewegung und Vermehrung.

Bezogen auf die Form, Gestalt und Entwicklung von extraterrestrischen Lebensformen sind diese in der möglichen Vielfalt und denkbaren Komplexität nicht annähernd erfassbar. Das illustriert schon die Morphogenese der komplexen und heterogenen Lebensformen auf unserem Planeten.

So schreibt Michael Levin 2003:

„Viele Eigenschaften biologischer Systeme wie Polarität, räumliche Fernordnung und Positionsinformationen sind in der Physik elektromagnetischer Felder vorhanden. Es gibt Hinweise darauf, dass en-

dogene elektrische Gleichstromfelder, magnetische Felder und ultra-
schwache Photonenemission Teil des Mediums sind, über das In-
formationen in biologischen Systemen fließen" [15]
Das bedeutet für diese Analyse, es ist anerkannt, dass Energiefelder Gestaltungskräfte haben und auch erheblich an der Formbildung von Organismen und höheren Lebewesen beteiligt sind.

Nach einer Tabelle von Levin existieren wissenschaftliche Untersuchungen schon seit 1955 über den Einfluss der Mondzyklen auf Lebewesen. Die Erde hat nur einen Mond. Ein erdähnlicher Planet in der Galaxie kann auch mehr Monde haben, die dann auch einen anderen Einfluss auf die Entwicklung der Lebensformen haben können. Dabei ist es interessant, auch die Regenerations- und Reproduktionsfähigkeit der Lebewesen zu betrachten, was ihre „Heilungskräfte" betrifft z.B. bei dem Verlust von Gliedmaßen. Hier auf der Erde findet man eine solch hohe Reproduktionsfähigkeit nach dem Verlust von Gliedmaßen z.B. bei Amphibien. Beim Menschen selber wurde entdeckt, dass die Reproduktion von Knochen durch piezoelektrische Signale stark positiv beeinflussen können. Zell-Zell-Komunikation wurde im Infrarot-Bereich beobachtet. [16] [17] Unter dem Einfluss definierter elektromagnetischer Felder hat man bei Babys das Nachwachsen von Fingerkuppen beobachtet,

Wie würde dies bei nicht terrestrischen Spezies aussehen, die sich unter dem Einfluss anderer Energiefelder entwickelt haben? Rein hypothetisch könnte eine anders entwickelte Spezies (mit anderer Ethik und Moral) fähig sein, ihre Nachkommen in einem künstlichen Gewebe zwischen zu lagern, diese dann auf eine intergalaktische Reise zu schicken und darauf zu vertrauen, dass sie in ihrer „Interims-Gebärmutter" am Ziel ankommt auch Wege findet, sich zu entwickeln. Das spart die eigene Reise, und die Suche selbst hat sich erübrigt, denn wenn es funktioniert, entwickelt sich die Lebensform gemäß ihres „universellen" (DNS-) Bauplans. Automatisch angepasst an die Verhältnisse vor Ort und damit lebens- und entwicklungsfähig. [18] Zeit spielt dann nur noch eine untergeordnete Rolle.

1.3 - Verschiedene Ansätze

Es existieren unterschiedliche Theorien wie die Entstehung der Arten von Darwin, [19] oder die Konvergenz-Theorie der Evolution von S.C. Morris [20]) So gibt es auch verschiedene Ansätze zur Entwicklung spezieller Formen.

Vereinfacht ausgedrückt behauptet die eine Partei, die Giraffe hätte einen langen Hals entwickelt, weil das Hauptnahrungsmittel so weit oben in den Bäume wachsen würde. Die andere Partei meint, eine

Art sei an sich schon so angelegt, um so und nur so zu entstehen, leben und wachsen zu können.

Damit fällt die Theorie „Ur-Säuger" → Primaten → Frühmensch → Mensch. Damit ebenso die ganze Entwicklung des „aus dem Wasser kommen, auf die Bäume umsiedeln, wieder auf den Boden kommen, die Steppe besiedeln, Gemeinschaften gründen, Ackerbau entdecken,…usw.".

Andererseits wäre der Mensch immer als Mensch im Bauplan angelegt gewesen. Das würde dann auch für alle anderen Arten gelten. Bis heute gibt es keine passende Theorie, die widerlegt, dass sich intelligente Saurier entwickelt haben könnten. Weder nach Darwin und auch nicht nach S.C.Morris. Nach beiden Sichtweisen sind die Arten als solche angelegt, Reptilien bleiben Reptilien, Nager bleiben Nager, Säuger bleiben Säuger. Für keine Spezies hätte es einen Vorteil sich anders zu entwickeln, außer innerhalb ihrer Art, d.h. eine Verfeinerung ihrer Sinne, ihrer Wahrnehmung, ihrer Fähigkeiten. (schneller rennen, sich besser tarnen, besser verstecken, sich stärker spezialisieren usw.) Allerdings können sich bei den Arten unterschiedliche Formen von Bewusstsein entwickeln. Als Beispiel diene hier das Selbstwahrnehmungs-Experiment mit Affe, Elefant, Delphin und einem Spiegel – Das Erkennen von sich selbst ist bei manchen Tieren eher möglich als bei Katzen oder Hunden.

Anders wäre es, wenn ein eigener Bauplan für intelligente Spezies existieren würde. Diese wäre dann eine **eigene Art**, keine aus einer älteren Evolutionsstufe entwickelte.

1.4 - Umwelteinflüsse

Allen Theorien gemeinsam ist, dass ein Signal aus der Umwelt, sofern es als überlebensfördernd oder als sinnvoll erachtet wird, in die Genetik eingebaut und beibehalten wird. Wichtig sind dabei a) die Fixierung (die Information geht nicht wieder verloren) und die Erkennung als Vorteil für die Spezies. Hier wird der Begriff der „Genetik" verwendet und nicht mehr DNS. Die *Epigenetik* [21] zeigt sogar weitere Varianten auf. So entdeckten Marcus Pembrey [22] und Lars Olov Bygren Veränderungen in den Chromosomen, die zu einer Aktivitätsänderung des ganzen Chromosoms führen können. [23] Das interessante daran ist, dass ein Umweltsignal (z.B. eine Hungersnot, während der Pubertät eines Menschen) unterschiedliche Auswirkungen in der übernächsten Generation haben kann, die sich in verschiedenen Erscheinungsformen äußert, abhängig davon, ob dieses Signal aus der Umwelt von einer Frau oder einem Mann erlebt wird. Die Veränderung im Chromosom ist auf ein Codon fixiert, hat aber trotzdem unterschiedliche Auswirkungen, womit das Dogma „ein Codon d.h. ein Triplett = ein Protein" nicht mehr die einzige Variante in der Blaupause sein kann. Das bedeutet: Es gibt einen Unterschied, ob aus demselben Bauplan ein Haus oder ein Haus mit Garage entsteht.

Die Frage ist hier: Wie würde das bei nicht terrestrischen Spezies aussehen, die sich unter dem Einfluss anderer Umwelteinflüsse entwickelt haben?

1.5 - Quantenphysikalische Betrachtungen

Nimmt man noch quantenphysikalische Aspekte hinzu wird es nicht einfacher. Wir wissen heute um den Aufbau der Moleküle und Atome mit ihren Elementarteilchen

Nach dem ist es heute so, dass es zwischen Atomen untereinander und zwischen Elektronen und Atomen reichlich „Platz" gibt, also „freien" Raum. Wir wissen weiter, dass dieser Raum nicht einfach leer ist, sondern dass es Energiefelder dazwischen gibt, die auch eine Funktion haben. Diese Energiefelder sind empfänglich für die elektromagnetische Frequenzen anderer Energiefelder (durch Resonanz oder Dissonanz). Jedes Molekül besitzt sein eigenes kleines Energiefeld, dadurch entsteht eine Minispannung und auch so etwas wie ein Minimagnet. Für den gelten die physikalischen Gesetze der Physik – nicht nur die der Genetik.

Damit sind alle biochemischen Prozesse auch elektromagnetisch gesteuert.

Hier sei der Nobelpreis für Chemie, 2003 (Roderick Mc Kinnon und Peter Agre) genannt, der den rein elektromagnetisch gesteuerten Wassertransport in die menschliche Körperzelle durch Aquaporine beschreibt. Ein entscheidendes Signal für die Einschleusung eines Wassermoleküls durch die Zellmembran ist die orthostatische Position des Wassermoleküls an den „Außenantennen" des Wassertunnels (Aquaporins). Dockt es richtig orientiert an, kann der Tunnel geöffnet werden und das Molekül wird hindurchgeschleust. Dieser Prozess ist rein magnetisch und verbraucht keinerlei Energie. Damit sind alle bekannten biochemischen Prozesse ebenso elektromagnetisch gesteuert.

Welchen Einfluss haben dann die starken Energiefelder des Erdmagnetfeldes, der Schumann- und der Solarfrequenzen?. Wie wirken sich solche Felder auf anderen Planeten, in anderen Galaxien auf deren Lebensformen aus – Unter der Voraussetzung, dass es dort ein Leben auf Kohlen-Wasserstoff-Basis existiert.

Hier auf unserer Erde, beeinflussen elektromagnetische Energiefelder sowohl die Entstehung des Bauplans (DNS) als auch welche Seiten davon aufgeschlagen und gelesen werden.

Das bedeutet, dass es in anderen Sonnensystemen ein Leben geben kann, in dem sich eine Spezies entwickelt hat, die unserer fremd ist, aber die interstellare Raumfahrt beherrscht. Und bei dem Alter des Universums ist es als wahrscheinlich anzunehmen, dass „woanders" schon längst mindestens eine solche Spezies existiert. Was durch die bisherigen Betrachtungen bestätigt wird. Theoretisch ist ein Bauplan denkbar, der rein quantenphysikalisch funktioniert, der ohne Codons auskommt, ohne DNS, RNS, ohne Ribosomen, ohne Messenger- und t-RNS und nur aus verdichteten Energiefeldern besteht. Im Kosmos gibt es etwa 10^9 mal mehr Photonen als Nukleonen. Das, was wir als „Materie" wahrnehmen beträgt weniger als 0,009 Prozent der gesamten „Realität", der Rest sind Energiefelder. [24] [25] Da existiert also noch reichlich Spielraum.

1.6 - Konvergente Entwicklung

Die biologische Konvergenztheorie [26] geht von der Annahme aus, dass viele gleiche Funktionalitäten in der Evolution, jeweils unabhängig voneinander, entstanden sind und zwar durch die auf der Erde herrschenden funktionalen Zwänge. Beispiele sind die Flügel oder das Auge, die beide von mehreren Arten unabhängig entwickelt worden sind.

Simon Conway Morris [20] ist ein britischer Paläontologe. Er ist der Hauptvertreter der Konvergenztheorie in der Evolution und der Meinung, dass sich das Leben deshalb stabil entwickelt, weil die Natur den Rahmen dafür bereit gestellt hat und das Leben unvermeidlich den selektiv-adaptiven Regeln folgt. Daher musste die Evolution zwangsläufig bei einer intelligenten Spezies ankommen. Die Entwicklung zu Komplexität und Intelligenz ist daher **ein Programmteil innerhalb der Evolution**.

Unter der Voraussetzung einer Biochemie und Biophysik, beruhend auf dem Periodensystem der Elemente und ebenfalls der „Codon-Triplet-Anleitung" zum Bau von funktionalen Einheiten, auf der Basis von Proteinstrukturen, lässt sich formulieren:

1.5.1 Axiom **Die DNS stellt einen universellen Bauplan für die Entwicklung einer Spezies dar.**

Die Entwicklung zu Komplexität und Intelligenz, müsste auf jedem Planeten ablaufen, auf dem dies möglich ist.

Weiterhin darf angenommen werden, dass selbst bei verschiedenen Entwicklungssträngen, in der Gestalt eine gewisse Gemeinsamkeit besteht.

Alle Spezies werden daher folgende Körpermerkmale besitzen:

1) links-rechts Symmetrie
2) Rumpf für Atmungs- und Verdauungsorgane
3) obere Extremitäten zum Greifen von Objekten
4) untere Extremitäten zur Fortbewegung
5) Kopf mit Sensor-Organen

Somit ist anzunehmen, dass die **meisten** intelligenten Spezies eine **humanoid-ähnliche** Gestalt entwickelt haben.

1.7 - Entwicklungsstränge

Was wäre geschehen, wenn vor 65 Millionen Jahre kein Asteroid auf die Erde gefallen wäre und die Dinosaurier dadurch Zeit gehabt hätten, sich weiter zu entwickeln?
Einige Wissenschaftler sind der Meinung, dass die Saurier evolutionsbiologisch so erfolgreich waren, dass sie alle Nischen im Ökosystem belegt hatten und dadurch kein Raum für weitere Evolution gegeben war.
Neuere Erkenntnisse deuten aber darauf hin, dass unter den Theropoden, [27] speziell beim Troodon [28] eine Entwicklung zur sozialen Intelligenz stattfand. Bei ungestörter Entwicklung hätte sich dort auch eine echte Intelligenz mit Selbstbewusstsein entwickeln können. Dale Alan Russell, ein kanadischer Paläontologe, der sich mit Dinosauriern beschäftigt, spekulierte über ein hypothetisches intelligentes Endprodukt der Dinosaurierevolution. [29]
Der Mensch hat sich in 65 Millionen Jahren von einem kleinen mausgroßen Säugetier, bis hin zum Homo sapiens, entwickelt. [30]

Das legt die Vermutung nahe, dass es auch für die Saurier noch eine Chance gab, „höhere" Intelligenz zu entwickeln.
Und was wäre dann aus den Evolutionssträngen geworden die durch andere Katastrophen eliminiert worden sind? Schauen wir uns die unterbrochenen Entwicklungsmöglichkeiten einmal an:

1) Vor circa 485 Millionen Jahren, am Ende des **Kambriums**, [31] starben rund 80 % aller Tier- und Pflanzenarten aus, darunter Trilobiten (Dreilappkrebse), aber auch Conodonten oder Brachiopoden (Armfüßer). Die Insekten breiteten sich aus. [32]

2) Vor ca. 360 Millionen Jahren, im oberen **Devon** (Kellwasser-Ereignis), [33] starben etwa 50 % aller Arten aus, darunter einige Fische, Korallen und die Trilobiten. Danach erfolgte das Zeitalter der Amphibien. [32]

3) Vor cirka 252 Millionen Jahren, innerhalb einer Zeitspanne von 200.000 Jahren an der **Perm-Trias-Grenze**, [34] starben 95 % aller meeresbewohnenden Arten, sowie ca. 66 % aller landbewohnenden Arten (Reptilien- sowie Amphibienarten) aus. Es begann das Zeitalter der Therapsiden. Das sind säugetierähnliche Reptilien. [32]

4) Vor cirka 200 Millionen Jahren, am Ende der **Trias**, [35] starben 50 bis 80 % aller Arten, unter anderem fast alle Landwirbeltiere, aus. Es folgte das Zeitalter der Dinosaurier. [32]

5) Vor etwa 66 Millionen Jahren, an der **Kreide-Tertiär-Grenze**, [36] starben rund 50 % aller Tierarten aus, darunter die Dinosaurier. Es begann das Zeitalter der Säugetiere, aus denen wir uns entwickelten. [32]

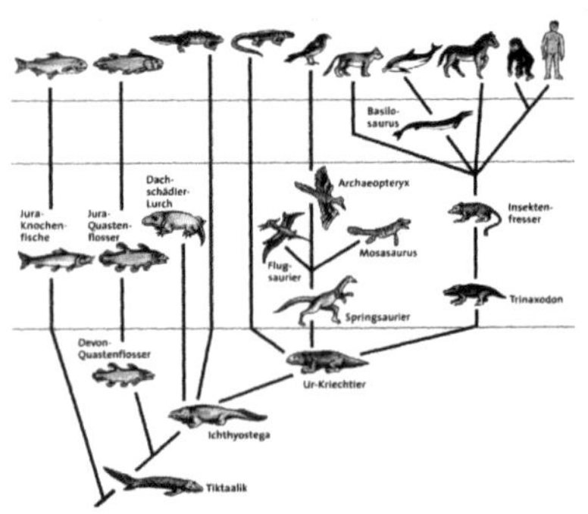

Es ist denkbar, dass sich alle unterbrochenen Evolutionsstränge hätten derart weiter entwickeln können, das daraus empfindungsfähige oder sogar intelligente Spezies entstanden wären.

Daher wird hier folgendes Axiom aufgestellt:

174

1.7.1 Axiom   Jeder Evolutionsstrang kann, bei ungestörter Entwicklung, Lebensformen hervorbringen, die bewusstseinsfähig und intelligent sind.

Da die Entwicklung der Säugetiere die jüngste Entwicklungsebene hier auf der Erde war, kann man davon ausgehen, dass die Anzahl **N** der Spezies auf Echsenbasis größer ist, als auf Säugetierbasis. Und das es z.B. mehr reptiloide Spezies als sauroide Spezies gibt. Denkbar sind die folgenden Evolutionsstränge:

1) **Insektoide**
2) **Amphibische**
3) **Reptiloide**
4) **Sauroide**
5) **Humanoid-ähnliche**
6) **Humanoide**
7) **Sonstige**

1.7.2 Vermutung

$$N_{insektoid} > N_{amphibisch} > N_{reptiloid} > N_{sauroid} > N_{humanoid}$$

1.8 - Humanoide in sonnenähnlichen Systemen

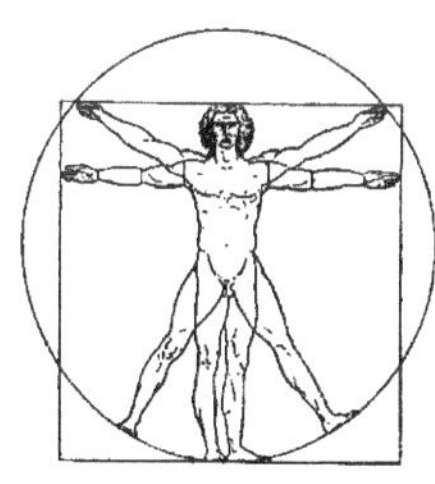

Außer den bekannten 6 Evolutionssträngen ergäbe sich als 7te Möglichkeit noch eine vollkommen anders strukturierte Entwicklung, z.B. ein Evolutionsstrang, der keine besondere Gestalt wie z.B. Oktopden, ausgebildet hat.
Die Chance eine **humanoide Spezies** anzutreffen beträgt daher 1 zu 7. Der Wahrscheinlichkeitsfaktor beträgt somit $F_m = 0,1428 = \mathbf{1:7}$.

Abgeleitet aus Gleichungssystem 6.3.3 ergibt sich für die Anzahl humanoider Arten, in der Galaxie:

1.8.1 Gleichung

$$\boxed{N_{me} = A \cdot F_{sph} \cdot F_{gae} \cdot F_{Liz} \cdot F_m}$$

Einsetzen aller Werte (F_{gae} = 1:214) in die Gleichung 13.3.1 liefert:

$$N_{me1} = (100\text{-}300) \cdot 10^9 \cdot 1:15.000 \cdot 1:214 \cdot 1:1.001 \cdot 1:7$$

N_{me1} = 5 – 14   menschliche Zivilisationen

Einsetzen aller Werte (F_{gae} = 1:1.078) in die Gleichung 13.3.1 liefert:

N_{me2} = (100-300)·10^9 · 1:15.000 · 1:1.078 · 1:1.001 · 1:7
N_{me2} = 1 – 3   **menschliche Zivilisationen**

Die beiden Ergebnisse lassen sich dann zusammenfassen, zu folgender Aussage:

1.8.2 Satz   **Es könnten zwischen 1 bis 14 menschenähnliche Spezies, in sonnenähnlichen Sternsystemen, in der Galaxie existieren.**

Die anderen Spezies wären anders in der Gestalt, in der Biologie, in ihrer Biochemie und Genetik und auch unterschiedlich in ihrer Zivilisation und ihrem Sozialverständnis.
Im **ungünstigsten** Fall könnten wir die **einzige menschliche Spezies**, in einem sonnenähnlichen System, sein.
Die Wahrscheinlichkeit für eine wirklich humanoide Spezies lautet:

1.3.3 Definition   **$F_{me} = F_{sph} \cdot F_{gae} \cdot F_{Liz} \cdot F_m$**

F_{me} = 1:15.000 · (1:1.078-1:214) · 1:1.001 · 1:7
F_{me} = 1:88.258.768.350 – 1:444.593.235.000
Nur jedes **88,258 bis 444,593 Milliardste** sonnenähnliche System könnte dann eine wirklich menschenähnliche, Spezies beherbergen.

1.9 - Viren und Bakterien

Einmal angenommen die Menschheit findet eine „Erde 2" und es gibt eine Technologie, um in kurzer Zeitspanne dorthin zu reisen. Dann wird man dort wahrscheinlich einen Schutzanzug brauchen, weil die dort vorhandenen Viren und Bakterien einen sonst infizieren und töten würden. Der Grund liegt darin, dass man an die Biosphäre, bzw. die dort herrschende Biochemie, des Planeten nicht angepasst ist
Ein historisches Beispiel dazu sind die Indianer Südamerikas, die größtenteils, durch europäische Krankheiten, fast ausgerottet wurden, als die Spanier nach Südamerika kamen.
Auch H.G. Wells scheint sich dieser Thematik bewusst gewesen zu sein, da er ja die außerirdischen Invasoren durch die irdischen Viren und Bakterien, in seinem Roman *„Krieg der Welten"*, sterben ließ. Es ergibt sich so die Schlussfolgerung:

176

1.9.1 Satz   Eine Art kann einen anderen Planeten nur dann ohne Schutzanzug besiedeln, wenn dieser Planet ihrem Ursprungsplaneten so ähnlich ist, dass eine Anpassung bzw. Immunisierung möglich ist.

Das Treffen der Arten, so wie es etwa bei *„Star Trek", „Star Wars", „Babylon 5", „E.T."* oder in ähnlichen SF-Filmen geschildert wird, ist daher nach unserem heutigen biologisch – biochemisch – physikalischem Verständnis ausgesprochen unwahrscheinlich.
Ein Treffen der Spezies würde daher in der Regel im Schutzanzug erfolgen.

Es kann aber auch Ausnahmen geben und zwar dann, wenn die Biochemie einer Art derart anders gestaltet ist als unsere und ihr die Biochemie der Erde nichts anhaben kann. In manchen Fällen kann Immunisierung möglich sein.

1.9.2 Satz   Eine Art kann einen anderen Planeten auch dann ohne Schutzanzug besiedeln, wenn dieser Planet ihrem Ursprungsplaneten so unähnlich ist, dass keine Infizierung möglich ist.

Bei einigen Spezies dürfte noch hinzukommen, dass sie eine andere Atmosphäre brauchen als unsere.
Insgesamt sollte die Erde daher für andere Spezies in der Regel unattraktiv sein, was die Besiedlung betrifft.

Hinzu käme noch, dass eine Invasion der Erde mittels Raumschiffe à la Hollywood, wie z.B. in *„Independence Day"*, ziemlich aufwendig wäre, an Material und Personal. Und eine Bodenoffensive noch dazu eine Menge Verluste mit sich bringen würde, selbst ein Einsatz von Robotern würde das nicht ändern.
Eine praktikable und effektivere Möglichkeit wäre eben ein Angriff mittels **biologischer** Waffen, die eine weltweite Pandemie auslösen würde oder auch die Umlenkung eines Asteroiden, wenn man die Verwüstung der Erde in Kauf nimmt.

2 – Verteilungen

Die im Folgenden präsentierten Werte sind eine Zusammenstellung aus der Endauswertung aus dem Buch „*Wahrscheinlichkeiten in der Galaxie für Leben, Intelligenz und Zivilisation*" im folgenden **WidG** genannt. [1]

2.1 - Verteilung erdähnlicher Planeten

Jedes 15.000-te Sternsystem ist eines mit mindestens einem habitablen Planeten. Das ergibt 6,66 bis 20 Millionen Planetensysteme, mit habitablen Zonen, in der Galaxie.
Jedes 40.668-te Sternsystem ist eines mit mindestens einem habitablen, etwa erdgroßen Planeten. Das ergibt 2,458 bis 7,376 Millionen etwa erdgroße Planeten, in der Galaxie.
Jedes 103.664-te Sternsystem besitzt einen entfernt erdähnlichen Planeten in der habitablen Zone. Das ergibt 0,964 bis 2,893 Millionen entfernt erdähnliche Planeten, in der Galaxie.
Jedes 1,036 – 10,366 Millionste Sternsystem besitzt einen wirklich erdähnlichen Planeten. Unter 69 – 691 habitablen Planeten ist eine „Erde 2" zu finden. Das sind **9.600 bis 289.000 erdähnliche Planeten, in der Galaxie**.

2.2 - Verteilung belebter Planeten

Jedes 418.500 Sternsystem besitzt einen etwa erdgroßen, belebten Planeten. Das ergibt 457.650 bis 716.846 etwa erdgroße Planeten mit Leben, in der Galaxie.
Jedes 1,046 Millionste Sternsystem besitzt einen entfernt erdähnlichen, belebten Planeten. Das ergibt 183.060 bis 286.738 entfernt erdähnliche Planeten, mit Leben, in der Galaxie.
Jedes 9,315 – 93,285 Millionste Sternsystem besitzt einen wirklich erdähnlichen, belebten Planeten. Das ergibt **1.072 bis 32.206 erdähnliche Planeten, mit Leben, in der Galaxie**.

2.3 - Verteilung von Intelligenz

Jedes 4,05 bis 4,229 Millionste Sternsystem besitzt einen habitablen, etwa erdgroßen Planeten, mit intelligentem Leben. Das ergibt 47.290 bis 74.074 etwa erdgroße Planeten, mit intelligentem Leben, in der Galaxie.

Jedes 12,55 bis 13,11 Millionste Sternsystem besitzt einen habitablen, entfernt erdähnlichen Planeten, mit intelligentem Leben. Das ergibt 15.255 bis 23.895 entfernt erdähnliche Planeten, mit intelligentem Leben, in der Galaxie.

Jedes 130,41 Millionste bis 1,305 Milliardste Sternsystem besitzt eine „Erde 2", mit intelligentem Leben. Das ergibt **77 bis 2.300 erdähnliche Planeten, mit intelligentem Leben, in der Galaxie**.

2.4 - Verteilung der Sternsysteme

Unsere Galaxie hat einen Durchmesser **a** von etwa 100.000 Lichtjahren Die mittlere Dicke **h**, der Scheibe, liegt bei 3.000 Lichtjahren. Hier halten sich auch die meisten Sterne auf. Das Zentrum, etwa in Form einer Kugel, besitzt einen Durchmesser **d** von 16.000 Lichtjahren. [2] Das Volumen der Galaxie ergibt sich damit näherungsweise zu:

$$V = V_{kugel} + V_{zylinder} - V_{Kugelausschnitt}$$

$$V = \pi/6 \cdot d^3 + \pi \cdot a^2/4 \cdot h - \pi \cdot d^2/4 \cdot h$$

$V = \pi/6 \cdot 16000^3 + \pi \cdot 100.000^2/4 \cdot 3000 - \pi \cdot 16.000^2/4 \cdot 3000$
$$V = 2{,}510.341.97 \cdot 10^{13} \text{ LJ}^3$$

Nimmt man den Raum, den die Galaxie einnimmt und wandelt diesen in einen Kubus um, ergibt sich:

$$V = a^3$$

Wird dieser Raum auch noch von einer Anzahl **N** von Sternen besetzt, dann ergibt sich:

$$V = a^3 \cdot N$$

Dann ergibt sich der **mittlere Abstand** zwischen zwei Sternen zu:

$$a = \sqrt[3]{\frac{V}{N}}$$

Unsere Galaxie besitzt etwa 100 bis 300 Milliarden Sonnen. [1] Es ergibt sich eine mittlere Entfernung von **4,37** bis **6,3** Lichtjahren, zwischen den einzelnen Sternen. Zum Vergleich: Alpha Centauri, unsere nächste Nachbarsonne, ist **4,24** Lichtjahre entfernt.

Diese Art der Mittelwertermittlung, über die Bildung von Kuben, wird für die weiteren Betrachtungen benötigt, um Planetenhäufigkeiten in mittlere Entfernungen umsetzen zu können. Durch die Kubenbildung erscheinen die mittleren Entfernungen, zwischen den Sternen, direkt als Kanten, der den Sonnen zugehörigen Kuben.

Der Ansatz über einen Kubus erlaubt eine relativ einfache Berechnung einer „mittleren Entfernung", was mit einem Zylinder oder einer Kugel ungleich schwieriger wäre. Bei Aneinanderreihung entstehen dort Leerräume, die nicht berechenbar sind, während sich Kuben nahtlos aneinander reihen lassen.

2.5 - Der günstigste Fall

Nach Teil 2 Satz 3.3.1 existieren **9.600 – 289.000** „Erden 2", in unserer Galaxie.

Bei **9.600** „Erden 2" beträgt die mittlere Entfernung 1.378 Lichtjahre. Das wäre auch die maximale mittlere Distanz zu einer anderen Zivilisation.

Mit SETI wurde erst ein Raum von etwa 55 Lichtjahren erfasst. Man müsste also noch mindestens 1.323 Jahre senden bzw. warten, damit wir in 2.701 Jahren die Antwort bekämen.

Bei **289.000** „Erden 2" beträgt die minimale mittlere Entfernung 443 Lichtjahre. In diesem Fall müssten wir daher noch mindestens 388 Jahre senden bzw. warten und in 831 Jahren hätten wir dann die Antwort.

Insgesamt müssten wir im Mittel zwischen **831 bis 2.701 Jahre** mit SETI suchen und warten, bis wir eine Antwort erhalten würden.

Es ergibt sich in der Konsequenz, welch enormes Glück man haben muss, um mit dem SETI-Projekt außerirdische Zivilisationen zu finden.

2.6 - Entfernungen und Zeiträume

Nach Teil 1 Kapitel 5 benutzen nur Zivilisationen einer bestimmten Entwicklungsstufe elektromagnetische Signale. Es könnten **17 – 254** vergleichbare Zivilisationen, auf habitablen „Erden 2", in der Galaxie existieren.

Bei **17** Zivilisationen beträgt die mittlere Entfernung 11.378 Lichtjahre. Das wäre auch die maximale mittlere Distanz zu einer anderen Zivilisation.

Mit SETI wurde erst ein Raum von etwa 55 Lichtjahren erfasst. Man müsste also noch mindestens 11.323 Jahre senden bzw. warten, damit wir in 22.701 Jahren die Antwort bekämen.

Bei **254** Zivilisationen beträgt die mittlere Entfernung 4.623 Lichtjahre. Das wäre auch die maximale mittlere Distanz zu einer anderen Zivilisation.

Mit SETI wurde erst ein Raum von etwa 55 Lichtjahren erfasst. Man müsste also noch mindestens 4.568 Jahre senden bzw. warten, damit wir in 9.191 Jahren die Antwort bekämen.

Insgesamt müssten wir im Mittel zwischen **9.191 bis 22.701** Jahre mit SETI suchen und warten, bis wir eine Antwort erhalten würden.

2.7 - Noch einmal SETI

Ein Signal von einer anderen Zivilisation wäre nach Teil 2 Kapitel 6.5 ein paar tausend Jahre unterwegs und hätte ebenso zum **„richtigen"** Zeitpunkt losgeschickt werden müssen, um uns heute zu erreichen. Es wäre ein unglaublicher Glücksfall, wenn man mit dem SETI-Projekt so ein Signal auffangen würde.

2.7.1 Satz   **Es ist in den nächsten Jahrzehnten nicht damit zu rechnen, dass SETI Signale von anderen Zivilisationen empfangen wird.**

Und wenn doch wäre das, wie schon gesagt, ein außerordentlicher Glücksfall, für den es nur zwei Möglichkeiten gibt:

1) Es existiert eine Zivilisation, in nur etwa 50 bis 55 Lichtjahren Entfernung.
2) Es ist zufällig ein Signal, dass schon länger unterwegs ist und zum richtigen Zeitpunkt abgeschickt wurde.

In der Konsequenz ist in den nächsten Jahrzehnten nicht damit zu rechnen, dass über das SETI-Projekt, Signale von außerirdischen Intelligenzen erfasst werden.

Es ergibt sich noch eine andere Konsequenz aus den Entfernungen bzw. den daraus resultierenden Zeiträumen. Eine Kommunikation mit anderen Zivilisationen ist nahezu ausgeschlossen. Es ist sinnlos ein paar Jahrhunderte oder Jahrtausende auf Antwort zu warten.

2.7.2 Satz   **Eine Kommunikation mit anderen Zivilisationen ist, wegen der langen Zeiträume bei der Übertragung, nahezu unwahrscheinlich.**

Also kann SETI nur dazu dienen, irgendwann einmal zufällig ein Signal zu empfangen, das dann die Existenz einer anderen Zivilisation in der Galaxie bestätigen kann – und nicht mehr. Eine Zivilisation zu finden und diese auch noch in Kommunikationsreichweite anzutreffen, wäre ein unglaublicher Glücksfall.

Da nach Teil 2 Satz 6.1.2 das 22te Jahrhundert die Zeit sein wird, in der die Menschheit interstellare Raumfahrt betreibt und sich selbst von den Gegebenheiten überzeugen kann, ist damit zu rechnen, dass SETI spätestens im nächsten Jahrhundert eingestellt wird, oder dass bis dahin **andere Methoden des Horchens** zur Verfügung stehen.

2.8 - Entfernungen zwischen Zivilisationen

Nach WidG Kapitel 15.2 existieren **175 bis 2.664** „Erden 2" mit Zivilisationen, in der Galaxie.

Bei 2.664 „Erden 2" beträgt die mittlere Entfernung 2.112 Lichtjahre.

Bei 175 „Erden 2" beträgt die mittlere Entfernung 5.234 Lichtjahre.

Eine raumfahrende Rasse müsste also im Schnitt 2.112 bis 5.234 Lichtjahre zurücklegen, um eine andere intelligente Spezies zu treffen.

Nimmt man für diese Entfernung ein Jahr Reisezeit, so müsste man sich mit 2.112 bis 5.234-facher Lichtgeschwindigkeit bewegen.

Bei einer Reisezeit von einem Monat wären das schon 25.344 bis 62.808-fache Lichtgeschwindigkeit.

Bei der von Boyd Bushmann (siehe Seite 138) angegeben Geschwindigkeit von 1 Mc beträgt die Flugzeit 18 - 44,8 Stunden bzw. 0,75 - 1,86 Tage.

Nach WidG Kapitel 15.3 existieren **6 bis 82** technologische Zivilisationen, in der Galaxie, die über interstellare Raumfahrt verfügen könnten.

Die mittlere Entfernung zwischen ihnen beträgt dann 6.740 bis 16.114 Lichtjahre.

Nimmt man für diese Entfernung ein Jahr Reisezeit an, so müsste man sich mit 6.740 bis 16.114-facher Lichtgeschwindigkeit bewegen.

Bei einer Reisezeit von einem Monat wären das schon 80.880 bis 193.368-fache Lichtgeschwindigkeit.

Bei der von Boyd Bushmann (siehe Seite 138) angegeben Geschwindigkeit von 1 Mc beträgt die Flugzeit 58 - 138 Stunden bzw. 2,42 - 5,75 Tage.

Daraus lässt sich ruhigen Gewissens schlussfolgern, dass unsere heutige Physik und die auf dieser Basis entwickelte Technologie für derartige Reisen, Distanzen und Geschwindigkeiten unzureichend sind.

Andere Möglichkeit böten noch Reisen, in fast Nullzeit, durch Wurmlöcher oder durch einen Hyperraum. Oder so etwas wie ein Warp-Antrieb, also einem Antrieb, der es einem ermöglicht in einer Raum-Zeit-Blase zu reisen und dabei scheinbar mit einem Vielfachen der Lichtgeschwindigkeit zu fliegen.

Sowohl von Ben Rich als Boyd Bushman sind Andeutungen in dieser Hinsicht bekannt. (siehe Seite 53+54)

Angenommen, wir könnten mit 1 Millionenfacher Lichtgeschwindigkeit fliegen, dann wäre die nächste „Erde 2" mit Zivilisation, maximal 5.234 Lichtjahren Entfernung, in etwa zwei Tagen erreichbar. Und die gesamte Galaxie könnte man in einem Monat durchqueren.

Für eine außerirdische, interstellar raumfahrende Spezies dürfte es daher keine Mühe bereiten, zur Erde zu gelangen. Heute wie in vergangenen Zeitaltern.

Die in den bisherigen Kapiteln zusammen getragenen Belege für extraterrestrische Besucher ergeben eine dichte Indizienkette. Aus diesem Grund darf davon ausgegangen werden, dass es bereits Besucher gab oder sogar gibt. Daher sind folgende Hypothesen erlaubt:

2.8.1 Axiom

a) **Es existiert eine (uns noch unbekannte) erweiterte Physik und daraus resultierende Technologien, die interstellare Reisen, mit einem Vielfachen der Lichtgeschwindigkeit, zulassen.**

und/oder

b) **Es existiert eine erweiterte Physik und daraus resultierende Technologien, die Raum-Zeit-Veränderungen, wie Wurmlöcher, Hyperraum, Warp-Antrieb zulassen.**

2.9 - Verteilung von Rohstoffen

Wenn eine Spezies interstellare Raumfahrt betreibt, dürfte die Rohstoffbeschaffung auf unbewohnten Planeten oder Planetoiden bzw. Monden, keine großen Probleme darstellen.

Nach WidG Kapitel 15.1 existieren **49.520 bis 83.074** unbelebter „Erden 2", in unserer Galaxie. Es existieren also mehrere Zehntausend unbelebte, erdähnliche Planeten existieren von denen anorganische und organische Rohstoffe zu holen wären.

Nach WidG Kapitel 15.1 beträgt die Anzahl der sonnenähnlichen Sternsysteme, in der Galaxie, mit einer „Erde 2" in habitabler Zone, die Leben tragen, **5.748 bis 9.642** Systeme.
Es existieren also mehrere tausend belebte, erdähnliche Planeten ohne Zivilisationen existieren, von denen anorganische und organische Rohstoffe zu holen wären.

Nach WidG Kapitel 2,5 beträgt die Anzahl der sonnenähnlichen Sternsysteme, mit entfernt erdähnlichen Planeten, in habitablen Zonen, in unserer Galaxie, **0,964 bis 2,893** Millionen.
Daraus folgt: die Anzahl der sonnenähnlichen Sternsysteme, in unserer Galaxie, mit entfernt erdähnlichen Planeten in habitablen Zonen, die Leben tragen könnten, 107.111 bis 321.444.
Es existieren somit Hunderttausende unbelebter, erdähnlicher Planeten, sowie Zehntausende belebter Planeten ohne Zivilisationen, von denen Rohstoffe zu holen wären.

Hinzu kommen dann noch ungefähr 7 Millionen etwa erdgroßer Planeten, sowie unzählige Planetoide, Monde und Asteroiden, die abbaubar wären.

Ob es um Elemente, Metalle, Erze, Minerale, Wasser, Gase oder gar organisches Material wie Holz geht, braucht man dazu keine bewohnten Planeten anfliegen, oder gar erobern. Es gibt genug unbewohnte Planeten.

2.9.1 Satz   Rohstoffe dürfte es in der Galaxie in Hülle und Fülle geben.

Und an einigen Orten auch in höherer Konzentration als auf der Erde. Dort wäre ein Abbau noch attraktiver.
Darunter sind auch Rohstoffe, die für uns erst in Zukunft interessant und dann zugänglich wären, wie etwa Helium 3 oder Methan.
Helium 3 ließe sich in ausreichenden Mengen aus Mondgestein extrahieren. Methan und Methanhydrat lässt sich auf Titan einfach abtragen.
Und Iridium, sowie die sogenannte seltenen Erden, dürften auf einigen Asteroiden wesentlich reichhaltiger, als auf der Erde, vorkommen.

Daraus ergibt sich folgende Schlussfolgerung:

2.9.2 Satz **Eine Invasion der Erde, zur Ausbeutung von Rohstoffen, ist unwahrscheinlich, da genügend Planeten, mit Rohstoffen, in der Galaxie vorhanden sind.**

Nach WidG Kapitel 15.1 beträgt die Anzahl der sonnenähnlichen Sternsysteme, in der Galaxie, mit einer „Erde 2" in habitabler Zone, die Leben tragen, **5.748 bis 9.642** Systeme.
Nach WidG Kapitel 15.2 existieren **175 bis 2.664** „Erden 2" mit Zivilisationen, in der Galaxie.
Es existieren daher tausende „Erden 2", mit Fauna und Flora, auf der keine höhere Intelligenz lebt.
Selbst wenn eine andere Spezies ein neues Zuhause suchen sollte, hätte sie **tausende** Planeten zur Auswahl, ohne einer anderen Spezies in die Quere kommen zu müssen.

Daraus ergibt sich folgende Schlussfolgerung:

2.9.3 Satz **Eine Invasion der Erde, mit dem Ziel der Besiedlung, ist unwahrscheinlich, da genügend Planeten, in der Galaxie, zur Besiedlung vorhanden sind.**

Es existieren tausende „Erden 2" mit Fauna und Flora, auf der höhere Intelligenzen leben. Es ist möglich das Spezies existieren, die andere Spezies lediglich als Rohstoffe ansehen und behandeln, z.B. einfach als Nahrungsmittel oder Trophäen.

Es ist ebenso möglich das außerirdische Spezies uns und andere Organismen für medizinische, biochemische, genetische oder andere Experimente benutzen könnten. Interessant dürften in diesem Fall Körperteile, Organe, Blut, Gewebe und genetisches Material von Menschen und anderen Organismen sein.

Geht man davon aus, dass die Berichte von Entführungen und anschließenden Untersuchungen sowie auch die Viehverstümmelungen wahr sind, **dann geschieht dies alles bereits**.

Nach WidG Kapitel 15.3 existieren **6 bis 82** existieren technologische Zivilisationen in unserer Galaxie, die interstellare Raumfahrt betreiben könnten. Es ist davon auszugehen, dass es darunter auch einige gibt, die uns nicht gut gesonnen sind, was ein Indiz für bisher beschriebene Entführungsfälle und Viehverstümmelungen wäre.

3 – Verschwörungstheorie?

Da einige Spezies wesentlich älter als die Menschheit sein dürften und daher auch schon länger interstellare Raumfahrt betreiben, ist es wahrscheinlich, dass die Erde schon seit tausenden von Jahren von Außerirdischen besucht wird.
Wenn da also eine außerirdische Art wäre, die uns böse gesonnen ist, uns ausrotten oder unterwerfen wollte, so hätte sie schon längst Zeit gehabt, dies in die Tat umzusetzen.

Die Frage ist also, warum ist dies noch nicht geschehen?

Wie auch auf der Erde so dürfte es unter den vorhandenen Spezies in der Galaxie Konkurrenz, Rivalität und Feindseligkeit geben. Ebenso müssten aber auch Bündnisse, Förderationen oder Vereinigungen von Spezies existieren, die mit bzw. gegeneinander arbeiten.
Es ist daher anzunehmen, dass die politische bzw. militärische Situation in der Galaxie so gestaltet ist, dass eine Invasion eines Planeten, den eine intelligente Spezies bewohnt, nicht möglich ist.

Es gibt drei Möglichkeiten:

a) Es existiert ein galaktisches Recht, welches eine Invasion oder Einflussnahme nicht gestattet.
b) Es herrscht ein Gleichgewicht der Kräfte, dass eine Invasion nicht erlaubt.
c) Es existiert bereits ein Schutz für die Erde.

Interessant in diesem Zusammenhang ist der Fall des schottischen Hackers **Gary McKinnon**. [1]
Gary McKinnon arbeitete als Systemadministrator und man beschuldigte ihn, in den Jahren 2001 und 2002 in insgesamt 97 Computer der US-Streitkräfte und der NASA eingedrungen zu sein. [2]
Das gehackte Rechnernetz umfasste Computer der Army, Air Force, Navy, des US-Verteidigungsministeriums und der NASA.
Die USA forderten die Auslieferung von McKinnon. Bei einer Verhandlung hätten ihm bis zu 70 Jahre Gefängnis gedroht. Das Verfahren wurde 2012 aber ad acta gelegt.

Gary McKinnon betreibt auch eine eigene Webseite [3] und veröffentlicht Videos auf YouTube. [4]
Er behauptet, dass er Fotos, Filme und andere Beweise über Alien-Raumschiffe gefunden hatte, die von verschiedenen US Regierungsagenturen geheim gehalten wurden. Später hackte sich McKinnon in klassifizierte Akten des US Raumkommando ein und fand eine Liste von Offiziersnamen - unter der Überschrift *„Nicht-Terrestrische Offiziere"*, sowie eine Liste über *„Flotte zu Flotte Transfer"* und eine Liste von Schiffsnamen. McKinnon hat anscheinend Beweise für ein hoch geheimes Programm gefunden, welches unter der militärischen Codierung *„Solar Warden"* geführt wird.
Eine technisch hoch klassifizierte und geheime Flotte, die im äußeren Raum um die Erde herum operiert, Antigravitationstechnologie nutzt und die Aufgabe hat u.a. die Erde vor feindseligen Außerirdischen zu schützen.

In der Konsequenz dieser Entdeckung bedeutet es, dass die USA ein geheimes Weltraumprogramm besitzen, welches über eine einsatzfähige Raumflotte verfügt. Dies ist nicht so unwahrscheinlich, wenn man die Aussagen der sogenannten Whistleblower aus Kapitel 4.2 (Seite 52) zugrunde legt.
Nach Bob Lazar baut das US-amerikanische Militär an Fluggeräten, die mit Antigravitation arbeiten.
Laut Ben Rich und Boyd Bushmann existiert eine Technologie, die interstellare Reisen zulässt. Alle drei bestätigen auch die Begegnung mit Außerirdischen.
Nach Clifford Stone, Robert Dean und Dan Burisch arbeiten Außerirdische und Menschen zusammen, wobei es auch zu einem Wissens- und Technologietransfer kommt.
Den Berichten von Phil Schneider, Thomas Castello und Mark Richards zufolge sollen sogar unterirdische Basen von Außerirdischen auf der Erde existieren.

Erwähnenswert ist hier noch der Physiker **Arthur Neumann,** der früher unter dem Pseudonym Henry Deacon aufgetreten ist.
Neumann soll an hochgeheimen Projekten direkt beteiligt gewesen sein, die weit über das hinausgehen, was in der offiziellen Wissenschaft gemacht wird. *„Die wissenschaftlichen Erkenntnisse und die resultierenden Technologien (aus solchen geheimen Programmen) sind den Erkenntnissen der Mainstream-Physik und den öffentlichen verfügbaren Technologien Dutzende von Jahre voraus."* [5]

Der Historiker **Richard Dolan** [6] ist Autor von diversen Büchern, die sich mit der Geheimhaltung von UFO-Vorfällen und den geheimen Weltraumoperationen beschäftigen. Er ist ebenfalls Lehrer für Ufologie an der *International Metaphysical University* und veröffentlicht seine Einsichten auch auf YouTube. [7]

Nick Pope [8] war von 1985 bis 2006 Angestellter im Verteidigungsministerium der britischen Regierung. Bekannt wurde er vor allem durch seine Tätigkeit für die britische Regierung von 1991 bis 1994, bei der Berichte über UFO-Sichtungen auf ihre Bedeutung bzgl. der Verteidigung untersucht wurden. Nick Pope arbeitet seit 26 Jahren als freiberuflicher britischer Journalist und Medienkommentator. Er schrieb mehrere Bücher zu dem Thema UFOs. *„Open Skies, Closed Minds"* ist sein autobiografischer Bericht über sein Interesse an Ufologie. Es bietet einen Überblick über das UFO- Phänomen, wobei der Schwerpunkt auf der dreijährigen Tätigkeit als UFO-Referent des Verteidigungsministeriums liegt. Pope erörtert auch die Politik in Bezug auf die Sichtweise der Regierung und die militärischen Sichtweisen auf UFO-Phänomene.

1997 veröffentlichte er ein zweites Buch zu ähnlichen Themen mit dem Titel *„The Uninvited"*. Sein Buch *„Encounter in Rendlesham Forest"*: Die Insidergeschichte des am besten dokumentierten UFO-Vorfalls der Welt, geschrieben mit John Burroughs (USAF) und Jim Penniston (USAF), erschien im April 2014 bei Thomas Dunne Books.

Linda Moulton Howe [9] (*20.Januar 1942) ist eine amerikanische investigative Journalistin und Dokumentarfilmerin. Für ihre frühe Arbeit mit Schwerpunkt auf Umweltfragen erhielt sie 1982 den Florence Sabin Award von Colorado für ihren *„herausragenden Beitrag zur öffentlichen Gesundheit"*.

Eine Direktorin von Mutual UFO Network (MUFON) nannte sie *„die herausragendste UFO-Ermittlerin der Welt"*, und sie wurde als eine der „Gurus der amerikanischen Ufologie" bezeichnet, obwohl Howe sagte, sie betrachte sich als ein Fernsehproduzent und investigativer Reporter. Ein Großteil von Howes Arbeiten beinhaltet Recherchen über ungeklärte Phänomene wie Viehverstümmelungen, Kornkreise und Entführungen, die mit UFO-Sichtungen in Zusammenhang stehen. Howe hat zahlreiche UFO-bezogene Programme produziert. Howe erschien 2013 auf einer Podiumsdiskussion bei einer Presseveranstaltung von *UFO Disclosure im National Press Club* (siehe Seite 32) und sagte, dass *„Alien-Technologie so fortschrittlich erscheint"*, dass *„Raum und Zeit von Weltraumreisenden gebeugt werden könnten, um es Außerirdischen zu ermöglichen, die Erde zu besuchen"*.

Robert T. Bigelow [10] (*1945) ist ein US-amerikanischer Milliardär und Besitzer der Hotelkette Budget Suites of America. Er ist der Gründer von Bigelow Aerospace, einer Firma, die an der Entwicklung einer privaten, kommerziellen Raumstation arbeitet
Bigelow Aerospace ist ein Raumfahrtunternehmen aus Las Vegas, Nevada, das an einer neuartigen Technologie von Raumstationsmodulen mit entfaltbarer Außenhaut aus Vectran arbeitet. Das Unternehmen wurde 1999 von Robert Bigelow gegründet und wird aus dem Vermögen Bigelows finanziert. Im Jahr 2004 erwarb das Unternehmen die Rechte an der Transhab-Technologie. [11] Sollte der Aufbau und die Nutzung der Raumstation Bigelow Alpha erfolgreich verlaufen, sieht Robert Bigelow die Zukunft in einer L1- oder auch Mondbasis. Diese Idee der Verwendung von entfaltbaren oder aufblasbaren Strukturen wurde auch von der NASA für die Zeit nach der Internationalen Raumstation vorgeschlagen. Um die Entwicklung privater Raketentechnologie zu fördern, initiierte Bigelow den mit 50 Millionen US-Dollar dotierten America's Space Prize.
Bigelow war Hauptinitiator der *Advanced Aerospace Threat Identification Program* (AATIP), eine geheime Untersuchung, die von der Regierung der Vereinigten Staaten finanziert wurde, um nicht identifizierte Flugobjekte zu untersuchen. (siehe Seite 32)
In einem Interview am 28. Mai 2017 erklärte Bigelow in der Fernsehsendung CBS 60 Minutes, dass er *„absolut davon überzeugt"* ist, dass es *„eine extraterrestrische Präsenz auf der Erde gab und gibt."*

Die Frage, die sich hier erhebt ist: Wie groß ist die Wahrscheinlichkeit, dass alle Whistleblower, also ehemalige Beamte, Militär und Wissenschaftler lügen?
Unter der Voraussetzung, das dass Ganze, also die Informationen aller Whistleblower, keine bewusst angelegte Täuschung ist, lautet

die Antwort:
Es ist unwahrscheinlich, dass alle Whistleblower die Geschichten erfinden. Es ist wahrscheinlicher, dass die veröffentlichten Informationen der Wahrheit entsprechen. Hinzu kommen noch die Aussagen von Astronauten, Kosmonaten, Politikern und Reporten. Sowie die Recherchen und Bücher Dutzender Menschen wie z.B. Michael Bara, Nick Redfern, William Henry, David Childress, Micheal Benda, Robert Wood, Dwight Equitz, Grant Cameron, Jeremy Ray, Brian Mathison, Philipp Coppens, Carolin Corty, George Noory, Paul Stonehill hinsichtlich des Themas UFOs und Aliens, die man nicht einfach als Phantastereien abtun kann. Insgesamt besitzen daher die Angaben von Gary McKinnon eine gewisse Glaubwürdigkeit.
Unwahrscheinlich wäre es ebenso, wenn die irdischen Regierungen über die galaktische Situation nicht informiert sind. Denn:
Aufgrund der Aussagen der Whistleblower aus Kapitel 4 Teil 1 und den bisherigen Betrachtungen, lässt sich ableiten, dass irdische Regierungen mit außerirdischen Spezies nicht nur Kontakt hatten und über die galaktische Situation informiert sind, sondern dass es ebenso Absprachen bzw. Verträge zwischen ihnen geben muss, z.B. über Technologietransfer und Aufenthaltserlaubnis.
Damit existiert ebenso eine gewisse Wahrscheinlichkeit, dass eine ständige Präsenz von Außerirdischen auf unserem Planeten vorhanden ist. Und daraus resultiert, dass auch Basen auf dem Mond und dem Mars existieren müsste, d.h. es gibt eine ständige Präsenz von außerirdischen Spezies in unserem Sonnensystem. Das lässt folgende Hypothese zu:

3.1 Satz	**Die politische bzw. militärische Situation in der Galaxie, die Präsenz außerirdischer Spezies im Sonnensystem und auf der Erde, sowie die Verträge und erfolgter Austausch von Wissen, Technologie, Material und Personal, sind das große Geheimnis, was zumindest die Regierungen der USA, der Russischen Förderation und der VR China, vor der Menschheit behüten.**

Mittlerweile sind die Themen *UFOs*, *Aliens* und *Prä-Astronautik* im Main-Stream angekommen und werden dort kontrovers diskutiert.
Man könnte dies als allmähliche Vorbereitung der Menschheit bzgl. eines Kontaktes zu Aliens auffassen. Denn in den nächsten Jahrzehnten wird, durch die Kommerzialisierung der Raumfahrt, dieses Geheimnis in jedem Fall offenbart werden.

4 – Das Fermi-Paradoxon

4.1 - Die Betrachtungen von Fermi

Das Fermi-Paradoxon [1] wurde 1950 von dem Physiker Enrico Fermi [2] aufgestellt. Er beschäftigte sich mit der Wahrscheinlichkeit von intelligentem, außerirdischem Leben und daher mit der Frage: Sind wir Menschen die einzige technologisch fortschrittliche Zivilisation im Universum? Bedingt durch das Alter des Universums und seiner hohen Anzahl an Sternen, sollte intelligentes Leben auch außerhalb der Erde möglich und verbreitet sein. Vorraussetzung ist: Die Entstehung von Leben auf der Erde ist kein ungewöhnlicher Vorgang oder ein galaktischer Unfall bzw. Einzelfall (siehe auch Axiome in Teil 2 Kapitel 4).

Auf dem Weg zum Mittagessen im Los Alamos National Laboratory, im Jahre 1950, diskutierte Enrico Fermi diese Thematik mit Edward Teller, [3] Emil Konopinski [4] und Herbert York [5] aufgrund angeblicher UFO-Sichtungen. Er fragte sich: *„Warum sind weder Raumschiffe anderer Weltraumbewohner noch andere Spuren extraterrestrischer Technologien von der Erde aus zu beobachten."* Das Paradoxon kann wie folgt dargestellt werden:
„Der weit verbreitete Glaube, es gäbe in unserem Universum viele technologisch fortschrittliche Zivilisationen, in Kombination mit unseren Beobachtungen, die das Gegenteil nahe legen, ist paradox und deutet darauf hin, dass entweder unser Verständnis oder unsere Beobachtungen fehlerhaft oder unvollständig sind."

Oder kurz ausgedrückt: **Wenn es Aliens gibt, warum sind sie nicht schon öffentlich gelandet?**

4.2 - Die heutige Situation

Dieses Paradoxon wurde 1950 aufgestellt. Inzwischen sind 65 Jahre vergangen und die Situation hat sich entscheidend verändert. 1950 lagen nur ein paar UFO-Sichtungen vor. Heute geht die Zahl in die Zehntausende. Allein die Organisation *MUFON* hat über **70.000** Fälle dokumentiert. [6]

Und ein Teil davon kann durch die **extraterrestrische Hypothese** erklärt werden.

Nach Satz 6.6.1 könnten zwischen **3 – 71** technologische Zivilisationen, auf einer „Erde 2", in unserer Galaxie existieren, die **interstellare Raumfahrt** betreiben.
Nach Satz 7.3.2 könnten zwischen **1 – 12 alte** technologische Zivilisationen in unserer Galaxie existieren, die uns auch besucht haben könnten. Zudem hat Kapitel 7 ja gezeigt das es durchaus möglich ist, dass wir auch schon in der Vergangenheit von außerirdischen Spezies besucht worden sind.
Zudem treten mit dem UFO-Phänomen noch weitere Phänomene auf die damit in Zusammenhang stehen. Das sind Entführungen, Viehverstümmelungen und Kornkreis. Das sind alles globale Phänomene.
Insgesamt sind damit die im Paradoxon erwähnten Beobachtungen unvollständig.
Und, wäre es nicht recht naiv zu glauben, anwesende Aliens würden sich auch öffentlich zeigen? Eine vergleichbare Situation ergibt sich hier auf der Erde bei der Primatenforschung. Um eine Horde Gorillas in ihrer natürlichen Umgebung mit ihrem natürlichen Verhalten zu studieren, muss man als Beobachter unsichtbar bleiben.
Zeigt man sich den Gorillas, so wird die Situation schlagartig verändert und die Gorillas verhalten sich nicht mehr natürlich. Die Vorgehensweise von Primatenforschern besteht darin, die Affen zu begleiten und erst wenn diese sich an den Besucher gewöhnt haben und zu ihrem natürlichen Verhalten zurück kehren, mit der eigentlichen Feldforschung zu beginnen.
Ähnlich verhält es sich mit der Erdbevölkerung und den Aliens. Sollte eine außerirdische Spezies hier öffentlich landen, wäre die gesamte psychologische Situation auf der Erde verändert.
Wollen Außerirdische uns studieren und ihre Experimente betreiben, so ist es angebracht unentdeckt zu bleiben.
Eine Reihe von außerirdischen Spezies dürfte um ein Vielfaches älter sein, als unsere Zivilisation. In ihren Augen wären wir nur bessere Primaten oder einfach nur Primitive.
Damit ist also auch das im Paradoxon erwähnte Verständnis unvollständig bzw. fehlerhaft. Daher können wir hier folgern:

4.2.1 Satz   Das Fermi-Paradoxon ist überholt
und kann entfallen.

In Anbetracht der heutigen Geschehnisse und Erkenntnisse und der Betrachtungen dieses Buches ist das Fermi-Paradoxon veraltet.

4.3 - Mögliche Antworten

1) Es gibt keine Aliens oder interstellare Raumfahrt ist nicht möglich, daher landet hier auch niemand

2) Aliens landen hier. Als Beleg kann hier das UFO-Phänomen, Aussagen von Whistleblowern oder auch Berichte zu Begegnungen der dritten Art genannt werden. Außerdem Sichtungen von merkwürdigen Lebensformen, wie Echsenmenschen (Reptiloide) oder der Yeti bzw. Bigfoot.

Wenn Aliens existieren, warum landen sie nicht öffentlich?

Hier sind 10 mögliche Antworten:

1) Es gibt bereits eine Zusammenarbeit zwischen Menschen und Aliens. Aliens befinden sich bereits auf der Erde (siehe Whistleblower) und es wird geheim gehalten.

2) Es gibt eine Absprache zwischen irdischen Regierungen und Aliens, die das verbieten.

3) Es existiert so etwas wie eine oberste Direktive in der Galaxie, die Einmischung verbietet.

4) Es gibt ein Gleichgewicht der Kräfte in der Galaxie, so dass die Machtverhältnisse keine Einmischung erlauben.

5) Bisherige Sichtungen sind eine Vorbereitung für eine zukünftige öffentliche Landung der Aliens.

6) Ungestörte Beobachtung ist wichtig zur wissenschaftlichen Erforschung der menschlichen Art oder um Experimente mit Menschen oder Tieren zu machen.

7) Wir sind für die Aliens zu aggressiv und primitiv oder aus anderen Gründen (sozial, soziologisch, psychologisch) inakzeptabel.

8) Sie wollen nicht das ihre Technologie in unsere Hände gerät (Gefahr der Selbstzerstörung oder weil sie eine Konkurrenz in uns sehen).

9) Wenn es in der Vergangenheit (und in der Gegenwart) sexuelle Kontakte zu Außerirdischen und Nachkommen gegeben hat, dann ist die Erde so etwas wie ein Gen-Labor.

10) Die Invasion findet schon statt, ohne das wir es merken, z.B. Unterwanderung durch genetische Manipulation.

4.4 - Worst Case

Wenn es tausende von erdähnlichen Planeten gibt, die man besiedeln kann und wenn Viren und Bakterien eine Besiedlung durch Außerirdische zumindest erschweren und wenn es Rohstoffe genug in der Galaxie gibt, welche Gründe könnten dann noch bestehen, der Menschheit mit einer feindlichen Gesinnung zu begegnen?

1) **Konkurrenz**
   Die Menschheit steht gerade am Anfang, wenn es um die Erforschung des Weltraumes geht. Es könnten daher außerirdische Spezies existieren, die verhindern wollen, dass der Mensch sich im All weiter ausbreitet.

2) **Beute**
   Ein anderer Aspekt ist, dass wir für Aliens einfach als Nahrungsmittel oder Trophäen interessant sind.

3) **Experimente**
   Außerirdische Spezies könnten uns für medizinische, sowie andere, Experimente benutzen. Interessant dürften hier Blut, Organe, Gewebe, genetisches Material von Menschen sein.

4) **Sklaven**
   Außerirdische Spezies suchen Sklavenarbeiter mit „Intelligenz".

Interessant sind Planeten allemal zu Studienzwecken, nämlich gerade solche Planeten, die Leben aufweisen. Interessant sind daher auch unser Planet, die Fauna und Flora auf ihm und die Menschen, in jedem Fall als Studienobjekte zu biologischen, medizinischen, soziologischen, psychologischen und genetischen Untersuchungen.
Daher besitzen Berichte von Entführungen und anschließenden Untersuchungen eine gewisse Wahrscheinlichkeit der Realität. In vielen Fällen wird ja gerade eine aggressive Art und Vorgehensweise der Aliens geschildert. Wie auch die Rinderverstümmelungen zeigen.

4.5 - Wir sind nicht allein

Wie in Teil 2 zu sehen war, bestehen trotz kleiner Ausgangswahrscheinlichkeiten, doch gute Chancen für die Existenz von Leben, Intelligenz und Zivilisation.
Dies liegt an der großen Anzahl der vorhandenen Sterne. Es gibt einfach so viele, dass auch Zustände geringerer Wahrscheinlichkeit sich in Sternsystemen manifestieren und insgesamt in ausreichender Anzahl erscheinen können.

Wenn Leben, Intelligenz und Zivilisation in diesem Universum eine Wahrscheinlichkeit besitzen, die **größer als Null** ist, dann existieren (aufgrund der Anzahl der Sterne) auch **mehrere** technologische Zivilisationen – und nicht nur eine. Die Wahrscheinlichkeit, dass eine Art die einzige im Universum ist, geht daher gegen Null, ist also **unwahrscheinlich**.

Wie in der bisherigen Abhandlung zu sehen war lassen sich zwar geringe aber doch signifikante Wahrscheinlichkeiten für das Auftreten von Leben, Intelligenz und Zivilisation ableiten. Allein in unserer Galaxis ist demnach mindestens mit ein paar Dutzend technologischer Zivilisationen zu rechnen.

Nach Satz 7.3.2 (Seite 142) existieren 1 bis 12 alte technologisch hochstehende Zivilisationen, in der Galaxie.
Nach Satz 6.6.2 (Seite 137) existieren 3 bis 71 hochtechnologische Zivilisationen, in unserer Galaxie, die interstellare Raumfahrt beherrschen.
Nach Satz 6.4.1 (Seite 135) existieren 10 bis 290 technologische Zivilisationen, in unserer Galaxie.
Nach Satz 5.3.2 (Seite 118) existieren 77 bis 2.300 „Erden 2" mit intelligenten Spezies, in unserer Galaxie.

Die genannten Zahlen gehen alle von einer „Erde 2" aus. Nimmt man auch entfernt erdähnliche Planeten hinzu, könnte die Anzahl der Zivilisationen jeweils um den Faktor **10** höher liegen.
Berücksichtigt man noch die nicht sonnenähnlichen Systeme, dann könnte die Anzahl noch mal **3,5** höher liegen. **In der Konsequenz wimmelt es in der Galaxie geradezu von Leben.**

Es ist unwahrscheinlich das wir allein in der Galaxie sind.
Es ist wahrscheinlicher das wir nicht alleine sind.

Es ist unwahrscheinlich das wir allein im Universum sind.

Aufgrund dieser Betrachtungen kann endlich eine alte Frage der Menschheit beantwortet werden. Daher lässt sich abschließend folgende Arbeitshypothese formulieren:

4.5.1 Satz   Wir sind nicht allein im Universum.

4.6 - Fazit

Eine Konsequenz der galaktischen zivilisatorischen Situation, mit **71** raumfahrenden darunter **12** alten Zivilisationen und deren Tochterzivilisationen ist, dass so etwas wie eine **galaktische Ordnung** bestehen muss, in der jede Spezies zumindest den Raum einer anderen Spezies respektiert.

Wie in jedem Verbund werden sich auch hier einzelne Parteien gebildet haben. Die miteinander oder auch gegeneinander agieren.

Als galaktische Frischlinge wissen wir daher nicht welcher Interessengruppe ein Außerirdischer angehört.

Daher sind zukünftige Begegnungen also mit Vorsicht zu begehen. Da man nicht weis mit wem man es zu tun hat.

Allein schon aus Selbsterhaltungsgründen sollten wir außerirdischen Zivilisationen gegenüber vorsichtig sein. Ich schließe mich damit der warnenden Haltung von David Brin und Stephen Hawking an.

Sollten sich die abgeleiteten Erkenntnisse bestätigen, werden wir Menschen endgültig vom Sockel der „Krone der Schöpfung" gestoßen. Wir sind dann nur noch eine Spezies unter vielen und noch dazu technologisch und spirituell nicht besonders weit entwickelt.
Die Frage ist hier, ob die Menschheit einen derartigen Paradigmenwechsel verkraften kann.

Epilog

Aus Diskussionen mit Technikern und Wissenschaftlern entstanden Fragen, die gesammelt eine ganze lange Liste ergaben. Die gesichtete Literatur aus Papier, Berichten, persönlicher Kommunikation, Daten und Internet-Publikationen war enorm vielfältig und sehr heterogen. Fakten (wie z.B. belegte Interviews mit schriftlichen Dokumenten) mussten erst aufwendig von „Meinungen" und „Glauben" getrennt werden. In sehr vielen Fällen entblößte sich „neu gefundene" Literatur als eine von alten unbestätigten Meldungen abgeschriebene wertlose Wiederholung.
Nichts desto trotz konnten die Autoren Wahrscheinlichkeiten ermitteln und damit Schlussfolgerungen ziehen, die nicht nur plausibel sind, sondern mathematische Wahrscheinlichkeiten abbilden.

Die eingangs gestellten Fragen waren:

Was ist dran am UFO-Phänomen? Welche Konsequenzen ergeben sich aus den Berichten zu Sichtungen? Ist SETI sinnlos? Wie viele „Erden 2" gibt es in unserer Galaxie? Wie viele erdähnliche Planeten gibt es?
Sind wir allein im Universum? Und wenn nicht, wie viele intelligente Spezies existieren in unserer Galaxie? Wie viele davon betreiben interstellare Raumfahrt? Ist das Fermi-Paradoxon noch gültig? Stimmt die Drake-Gleichung noch? Gibt es Alternativen?
Wenn es raumfahrende Rassen in unserer Galaxie gibt: Ist die Lichtgeschwindigkeit wirklich die höchste Geschwindigkeit, die Materie und Energie erhalten können? Gibt es interstellare Raumfahrt, die sich schneller als Licht bewegt? Gibt es so etwas wie einen Hyperfunk?
Die Kernfrage, auf die es hinausläuft um die Fragenliste zu beantworten ist: Was muss wer tun, damit „Mensch" die Stufe der intergalaktischen Raumfahrt erklimmt? Dazu einige Anregungen:

a) Entwicklung eines Antigravitationsantriebes, der Flugbewegungen wie Schweben und zick-zack-Flüge erlaubt.

b) Entwicklung eines Antriebes, der interstellare Raumfahrt in relativ kurzen Zeitspannen ermöglicht – Distanzen von ein paar Lichtjahren in ein paar Minuten.

c) Entwicklung einer Technologie, mit der sich Energiefelder handhaben lassen.

d) Entwicklung eines Hyperfunks, damit wir mit den Außerirdischen endlich kommunizieren können.

e) Entwicklung einer kompakten Energiequelle, mit der große Energiemengen (Terawatt) zur Verfügung gestellt werden können.

und damit das geschehen kann:

f) Weiterentwicklung und Vervollständigung der Physik, die das alles möglich macht

Die Autoren gehen davon aus, dass all diese Dinge möglich sind und zum Teil bereits existieren. Es muss möglich sein, – und zwar unabhängig von Regierungen und Militär – diese Erkenntnisse zu vervollständigen.
Ein Anhaltspunkt liefert hier eine Aussage von Dr. Ben Rich: *„Es gibt da einen Fehler in den Gleichungen und wir wissen, wo er liegt."*
Ben Rich meint die Einstein´schen Feldgleichungen und dies mag als Ansatz gelten. Es gilt daher erst mal die richtigen Feldgleichungen zu finden.
Was noch einmal einen Hinweis darauf gibt, dass unsere Physik unvollständig ist.

Weiterhin kommen noch ganz andere Aufgaben auf die Menschheit zu:
Mit einer Entwicklung und Anwendung von Antigravitationstechnologien und Technologien, die interstellare Raumfahrt ermöglichen, gelangt die Menschheit auf die „Galaktische Stufe".
Denn, durch Anwendung dieser Technologien und der darauf folgenden Ausbreitung der Menschheit in dieser und anderen Galaxien, wird diese unweigerlich auf die bereits bestehende politische und militärische Situation in unserer Galaxie stoßen, die nicht terrestrischen Ursprungs ist.
Da stellt sich die Frage, wie wir als Spezies Mensch in der galaktischen Gemeinschaft auftreten und uns darstellen wollen.

Einerseits werden durch diese Entwicklung neue Wissenschaften und Wissenschaftszweige entstehen, wie die Exobiologie, die Exomedizin und die Exosoziologie. Andererseits werden wir als Menscheit auch eine Exopolitik entwickeln müssen, um unseren Lebensraum zu erhalten und zu sichern. So eine Politik muss eine „Welt-Politik" sein und kann sich nicht auf ein Land beschränken.

Wie im Buch zu sehen war, ist die Vertretung der Menschheit auf galaktischer Ebene bisher durch einzelne Geschäftsführungen (Regierungen) wie z.B. die der USA Inc. erfolgt.

Soll – oder besser darf – sich die Menschheit als Ganzes zurücklehnen und sich aus der Verantwortung nehmen, in dem sie solche Entscheidungen einigen Großbankiers, Wirtschaftsbossen und militärischen Befehlshabern und Regierungsvertretern überlässt?

Damit steht die Menschheit als ein ganzes System dar – als Bewohner eines Planeten, einer Förderation vielleicht. Das bedeutet Anstrengungen werden erforderlich, die ein einzelnes Land alleine nicht leisten kann.

Um also erste Schritte in Richtung intergalaktische Raumfahrt zu unternehmen, müssten sich die bestehenden wirtschaftlich-politischen Verhältnisse im Großen ändern und auch – **um an einem Strang zu ziehen, müssten auch religiöse Fragen von wirtschaftlichen und politischen Fragen abgekoppelt werden**.

Insgesamt sieht es doch so aus, dass so ein Schritt in Richtung intergalaktische Raumfahrt erst nach einigen anderen Schritten erfolgen kann, die die Menschen als Souveräne, Verantwortung übernehmende Männer und Frauen, hier jeder für sich vor seiner Haustür starten können.

Nur als Erden-Gemeinschaft mit einem wachen (und nicht hypnotisiertem) Bewusstsein, kann so ein Schritt erfolgen.

Nach dem „Kontakt" mit „ET" dürften wir wohl erfahren, dass die intergalaktische Intelligenzia einen vergleichbaren Prozess wie wir durchlaufen hat.

Es ist wohl weniger die technische oder physikalische Lösung, als die geistige, spirituelle und die Überzeugung ein sozial verträgliches, positiv beseeltes, interdisziplinäres Miteinander zu etablieren, die einen aussichtsreichen und nachhaltig erfolgversprechenden Weg aufzeigen wird.

Weg von der „Keule" hin zum „Handschlag" sollte man daher meinen.

Aber ist das vielleicht nicht zu humanistisch, zu menschlich gedacht? Wir können nicht voraussetzen, dass Aliens ähnlich denken oder vergleichbare Ethik und Interpretationen von Moral entwickeln.

Nicht alles was da draußen existiert ist uns gut gesonnen. Daher gilt es aufnahmebereit und gleichzeitig umsichtig und wachsam zu sein!

Literaturverzeichnis

TEIL 1 – Basiswissen

Einleitung

1   Klaus Piontzik
       Wahrscheinlichkeiten in der Galaxie
       für Leben, Intelligenz und Zivilisation
       Books on Demand, Norderstedt
       ISBN: 978-3-7494-9653-2

2   https://de.wikipedia.org/wiki/Warp-Antrieb

1 – UFOs - Realität oder Fiktion?

2   https://de.wikipedia.org/wiki/Foo-Fighter

3   https://de.wikipedia.org/wiki/Skandinavische_UFO-Welle

4   https://de.wikipedia.org/wiki/Kenneth_Arnold

5   https://de.wikipedia.org/wiki/Fliegende_Untertasse

6   https://de.wikipedia.org/wiki/Roswell-Zwischenfall

7   https://de.wikipedia.org/wiki/Ufologie

8   https://de.wikipedia.org/wiki/Carl_Gustav_Jung

9   C.G. Jung Ein moderner Mythus
       Von Dingen, die am Himmel gesehen werden
       Zürich Leipzig und Stuttgart Rascher, 1958

10   Renaud Leclet: The Belgian UFO-wave of 1989-1992
       http://gmh.chez-alice.fr/RLT/BUW-RLT-10-2008.pdf

11   Memo von Lt. Col. Charles Halt an das RAF/CC,
       vom 13. Januar 1981

12   http://www.rendlesham-incident.co.uk/

13   U.S. Air Force: USAF Briefing Report.
      roswellfiles.com, 27. April 1949

14   Illobrand von Ludwiger,
      „UFOs – die unerwünschte Wahrheit"
      KOPP, Januar 2009, ISBN: 3938516844

15   'Flying Saucer' Working Party: Unidentified Flying Objects:
      Report by the 'Flying Saucer' Working
      Party. Ministry of Defence, UK, Juni 1951

16   US-Air Force: USAF Fact Sheet 95-03: Unidentified Flying
      Objects and Air Force Project Blue Book.
      CUFON, Juni 1995

17   http://www.bluebookarchive.org/

18   https://de.wikipedia.org/wiki/Project_Blue_Book

19   https://en.wikipedia.org/wiki/Battelle_Memorial_Institute

20   https://en.wikipedia.org/wiki/Edward_J._Ruppelt

21   Edward J. Ruppelt
      „The Report on Unidentified Flying Objects"
      CreateSpace Independent Publishing Platform (May 2, 2011)
      ISBN 146111828X

22   https://en.wikipedia.org/wiki/Robertson_Panel

23   Memorandum for the Assistant Director for Scientific Intelli-
      gence from F C Durant, 'Report of Meetings of the
      Office of Scientific Intelligence Scientific Advisory Panel on
      Unidentified Flying Objects, January 14–18, 1953

24   https://de.wikipedia.org/wiki/Edward_Condon

25   https://en.wikipedia.org/wiki/Condon_Committee

26   Aeronautics and Astronautics, Nov 1970, S.49

27   Science, vol. 162, 25. Oct 1968

28   J. Allen Hynek
„The UFO Experience – A Scientific Inquiry"
Da Capo Press, December 21, 1998, ISBN: 156924782X

29   http://files.ncas.org/condon/

30   https://en.wikipedia.org/wiki/Harley_Rutledge

31   Harley D. Rutledge, „Project Identification:
The First Scientific Field Study of Ufo Phenomena",
Prentice Hall Trade, März 1982

32   Frankreich - UFO-Untersuchungen mit staatlichem Auftrag.
MUFON-CES, 2001

33   GEIPAN: GEIPAN UAP investigation unit opens its files.
CNES, 26. März 2007

34   https://fr.wikipedia.org/wiki/Jean-Jacques_Velasco

35   Jean-Jacques Velasco: Ovnis: L'Evidence. Carnot, 22. April
2004, ISBN 2-84855-054-6

36   http://archiv.mufon-ces.org/text/deutsch/25jahre.htm

37   Marina L. Popovič:
UFO-Glasnost - ein Geheimnis wird enthüllt
Verlag Langen-Müller, 1991
ISBN3784423337, 9783784423333

38   Erling Strand: Project Hessdalen 1984 -
Final Technical Report.Project Hessdalen
vom 22. August 2009

39   Massimo Teodorani, Gloria Nobili: EMBLA 2002 - An Optical
and Ground Survey in Hessdalen. Projekt EMBLA, 2002

40   http://www.hessdalen.org/

41   Daniel Iglesias: Hay aún 40 casos de ovnis sin explicación.
El País (Uruguay), 8. Juni 2009

42   Unidentified Aerial Phenomena in the UK Air Defence Region: Executive Summary. Ministry of Defense

43 https://en.wikipedia.org/wiki/Project_Condign

44 https://en.wikipedia.org/wiki/Condon_Committee

45 https://en.wikipedia.org/wiki/Peter_A._Sturrock

46 David F. Salisbury: No evidence of ET: Panel calls for more scientific UFO research. Stanford Online Report, 1. Juli 1998

47 Physical Evidence Related to UFO Reports. Journal of Scientijic Exploration, 1998, S. 2

48 COMETA-Report, Teil 2: UFOs and Defense: What Should We Prepare For? ufoevidence.org, Juli 1999

49 http://www.bibliotecapleyades.net/sociopolitica/
sociopol_cometareport01.htm

50 Michael Hesemann: Jenseits von Roswell. UFOs:
Der Schweigevorhang lüftet sich. S. 104
Verlag: Silberschnur, 1. Januar 1996, ISBN: 3931652157

51 Milton William Cooper, MJ12 Die geheime Regierung
Michaels Verlag, 1. August 1996, ISBN: 3895392774

52 https://de.wikipedia.org/wiki/Majestic_12

53 https://de.wikipedia.org/wiki/Donald_E._Keyhoe

54 https://de.wikipedia.org/wiki/Jacques_Vallée

55 https://de.wikipedia.org/wiki/J._Allen_Hynek

56 https://de.wikipedia.org/wiki/Gordon_Cooper

57 Helmut Lammer, Oliver Sidla: UFO Nahbegegnungen - unidentifizierbare Flugobjekte hinterlassen Spuren; militärische Begegnungen, physikalische Effekte, Radarsignale, Video- und Photoanalysen.
Heyne, München 1998

58 Recommendation to Establish UN Agency for UFO Research - UN General Assembly decision 33/426, 1978
www.ufoevidence.org,

59   https://www.youtube.com/watch?v=z97WBLxVMww

60   Bonnie Malkin: Pilots call for new UFO investigation
        Telegraph, 14. November 2007

61   I touched a UFO: ex-air force pilot.
        The Sydney Morning Herald, 13. November 2007

62   Robert Hastings: UFOs and Nukes: Extraordinary Encoun-
        ters at Nuclear Weapons
        Sites. Author House, 2008, ISBN 978-1434398314

63   Bill Wickersham: The truth must be out there. UFOs possible
        threat to national security.
        The Columbia Daily Tribune, 2. November 2010

64   Jeff Schogol: UFO expert: Aliens cautioning humans on
        nukes. Stars and Stripes, 27. September 2010

65   Ex-Air Force Personnel: UFOs Deactivated Nukes.
        CBSNews, 28. September 2010

66   Citizen Hearing on Disclosure citizenhearing.org

67   https://de.wikipedia.org/wiki/Area_51

68   https://en.wikipedia.org/wiki/Advanced_Aerospace_Threat
        _Identification_Program

69   https://de.wikipedia.org/wiki/Harry_Reid

70   https://www.heise.de/newsticker/meldung/UFO-Programm-
        des-Pentagon-Ex-Leiter-glaubt-wir-sind-nicht-allein-
        3922030.html

71   http://www.narcap.de/

72   http://www.mufon.com/

73   https://www.ufo-forschung.de/

74   http://www.degufo.at/

75   Zeitung: Die Welt, 26.07.2011

76   https://en.wikipedia.org/wiki/Phoenix_Lights

77   https://de.wikipedia.org/wiki/Fife_Symington

78   https://www.exopolitik.org/wissen/exopolitik-und-
        ufos/zeugenaussagen/weitere-zeugen/23-ufo-phoenix-die-
        wahrheit-kommt-ans-licht

79   https://www.exopolitik.org/wissen/exopolitik-und-
        ufos/zeugenaussagen/12novnpc/277-gouv-fife-symington-
        die-ufo-massensichtung-ueber-arizona

80   https://de.wikipedia.org/wiki/Monsterwelle

81   https://de.wikipedia.org/wiki/Liste_von_UFO-Sichtungen

82   http://de.verschwoerungstheorien.wikia.com/wiki/UFO

2 – Fallunterscheidungen

1   http://www.ufo-forschung.de/forschung/ufo-klassifikationen

2   http://www.mufon-ces.org/ufos/klassifikation.html

3   Becky Matthews: The Roswell Incident: Fiftieth Anniversary
        Sell-Abration.
        In: Francis Edward Abernethy: 2001: A Texas Folklore Od-
        yssey (Publications of the Texas Folklore Society)
        Texas a & M University Press, 2001,
        ISBN 1-57441-140-3, S. 91

4   http://www.roswellfiles.com/

5   https://en.wikipedia.org/wiki/Kecksburg_UFO_incident

6   "The Kecksburg, Pennsylvania 'UFO Crash', debunker.com

7   Milton William Cooper, MJ12 Die geheime Regierung
        Michaels Verlag, 1. August 1996,
        ISBN: 3895392774

8   https://de.wikipedia.org/wiki/Horten_H_IX

9   https://de.wikipedia.org/wiki/Messerschmitt_Me_262

10   https://de.wikipedia.org/wiki/Fieseler_Fi_103

11   https://de.wikipedia.org/wiki/Aggregat_4

12   https://de.wikipedia.org/wiki/Operation_Overcast

13   https://de.wikipedia.org/wiki/Belgische_UFO-Welle

14   Renaud Leclet: The Belgian UFO-wave of 1989-1992
        http://gmh.chez-alice.fr/RLT/BUW-RLT-10-2008.pdf

15   John Callahan: Die FAA untersucht einen UFO-Vorfall, „der
        nie stattfand". In: Leslie Kean (Hrsg.): UFOs Generäle, Pilo-
        ten und Regierungsvertreter brechen ihr Schweigen.
        1. Auflage. Kopp Verlag, Rottenburg 2012
        (Originaltitel: UFOs: Generals, Pilots, and Government Offi-
        cials Go on the Record, übersetzt von Helmut Kunkel)
        ISBN 978-3-86445-025-9, S. 235-242.

16   F-4 Jet Chase over Iran 1976. Uufoevidence.org
        http://www.ufoevidence.org/cases/case200.htm

17   Jose Pessoa Cavalcanti de Albuquerque, Ministry of Aero-
        nautics / Air Command of Air Defense (Hrsg.): Occurrence
        Report. 2. Juni 1986 (Originaltitel: Relatório de Ocorrências)
        (Dokument Nr. 008/CMDO/C-138

18   http://www.rendlesham-incident.co.uk/

19   Nick Pope,:Georgina Bruni, You can't tell the people.
        The Definitive Account of the Rendlesham Forest UFO Mys-
        tery, S. 122-127
        Sidgwick & Jackson; 2Rev Ed edition, 9 Nov. 2001
        ISBN: 033039021X

20   https://de.wikipedia.org/wiki/Schwarzes_Loch

21   Werner Betz, Udo Vits, Sonja Ampssler
        Riss in der Matrix – Begegnung mit einer anderen Dimension
        Ancient Mail Verlag, 2019
        ISBN : 978-3-95652-272-7

3 – Zeitreisen

1   https://de.wikipedia.org/wiki/Relativitätstheorie

2   https://de.wikipedia.org/wiki/Stephen_Hawking

3   Stephen W. Hawking Eine kurze Geschichte der Zeit S.115
Rowohlt Verlag 1988, ISBN: 3499626004

4   https://de.wikipedia.org/wiki/Zeitdilatation

5   https://de.wikipedia.org/wiki/Großvaterparadoxon

6   https://de.wikipedia.org/wiki/Kruskal-Lösung

7   https://de.wikipedia.org/wiki/Allgemeine_Relativitätstheorie

8   Albert Einstein: Über die spezielle und die allgemeine Relativitätstheorie, Springer Verlag, 1. Auflage 1916

9   https://de.wikipedia.org/wiki/Albert_Einstein

10   https://de.wikipedia.org/wiki/Nathan_Rosen

11   https://de.wikipedia.org/wiki/Wurmloch

12   Robert A. Fuller, John Archibald Wheeler
Causality and Multiply-Connected Space-Time
Physical Review, Band 128, 1962

13   https://de.wikipedia.org/wiki/Marfa-Lichter

14   https://de.wikipedia.org/wiki/Brown_Mountain-Lichter

15   https://de.wikipedia.org/wiki/Hessdalen-Lichter

4 – Woher?

1   https://de.wikipedia.org/wiki/Burkhard_Heim

2   Burkhard Heim: Elementarstrukturen der Materie. Einheitliche strukturelle Quantenfeldtheorie der Materie und Gravitation, Bd. 1
Resch Verlag, 3. Aufl., 1. Januar 1998, ISBN: 3853820085

3   Katrin Becker, Melanie Becker und John Schwarz:
         String Theory and M-Theory: A Modern Introduction.
         Cambridge University Press 2007, ISBN 0-521-86069-5

4   https://de.wikipedia.org/wiki/Edward_Snowden

5   https://de.wikipedia.org/wiki/WikiLeaks

6   https://de.wikipedia.org/wiki/Daniel_Ellsberg

7   https://de.wikipedia.org/wiki/Mark_Felt

8   https://de.wikipedia.org/wiki/Whistleblower

9   Boyd Bushman
         https://www.youtube.com/watch?v=VA3HV_gfq80

10   https://de.wikipedia.org/wiki/Area_51

11   https://de.wikipedia.org/wiki/Ben_Rich

12   Ben R. Rich, Leo Janos
         Skunk Works: A Personal Memoir of My Years of Lockheed
         Back Bay Books, 1st Pbk. Ed 1. Februar 1996
         ISBN: 0316743003

13   Daniel Prinz, Wenn das die Deutschen wüssten... , S.344
         Amadeus-Verlag, 27. August 2014, ISBN: 3938656271

14   https://de.wikipedia.org/wiki/Robert_Lazar

15   http://www.boblazar.com/

16   https://de.wikipedia.org/wiki/Ununpentium

17   http://ufology.wikia.com/wiki/Clifford_Stone

18   Clifford Stone, Ufos Are Real: Extraterrestrial Encounters
         Documented by the U.S. Government
         Spi Books, Juli 1997, ISBN: 1561719722

19   Eyes Only: The Story of Clifford Stone and UFO Crash Re-
         trievals
         Createspace, 17. November 2011, ISBN: 1467958670

20   Interview Clifford Stone mit Kerry Cassidy und Bill Ryan
      http://projectcamelot.org/clifford_stone_transcript
      _german.html

21   Robert Dean
      https://www.youtube.com/watch?v=dcCrwT0SmCQ

22   https://en.wikipedia.org/wiki/Robert_Dean_(ufologist)

23   http://de.wikipedia.org/wiki/Milton_William_Cooper

24   William Cooper, Behold a Pale Horse Light Technology
      Publishing, Flagstaff, AZ 1991

25   Phil Schneider
      https://www.youtube.com/watch?v=7oTXEklz4Kc

26   Phil Schneider
      https://www.youtube.com/watch?v=DAgVMZJCrfA

27   Thomas Castello
      https://www.youtube.com/watch?v=4gSKPz52cVw

28   http://transinformation.net/wie-viele-whistleblower-braucht-
      es-noch/

29   https://en.wikipedia.org/wiki/Dulce_Base

30   Dan Burisch
      https://www.youtube.com/watch?v=Friv-uTePZM

31   https://de.wikipedia.org/wiki/Edgar_Mitchell

32   https://www.exopolitik.org/wissen/exopolitik-und-
      ufos/zeugenaussagen/weitere-zeugen/158-apollo-astronaut-
      mitchell-absturz-von-roswell-fand-statt

33   https://de.wikipedia.org/wiki/James_McDivitt

34   http://www.hpo-online.de/themen/ufos/sichtungen/
      ufoastronauten.php?w2dsmartphone=force

35   https://www.syti.net/UFOSightings.html

36   https://en.wikipedia.org/wiki/UFO_sightings_in_outer_space

37   https://de.wikipedia.org/wiki/Jim_Lovell

38   https://de.wikipedia.org/wiki/Frank_Borman

39   https://de.wikipedia.org/wiki/Neil_Armstrong

40   https://de.wikipedia.org/wiki/Buzz_Aldrin

41   https://en.wikipedia.org/wiki/Robert_Michael_White

42   https://en.wikipedia.org/wiki/Joseph_A._Walker

43   https://en.wikipedia.org/wiki/Deke_Slayton

44   https://de.wikipedia.org/wiki/Wladimir_Wassiljewitsch
      _Kowaljonok

45   https://de.wikipedia.org/wiki/Wiktor_Petrowitsch_Sawinych

46   https://www.paraportal.org/thread/1206-ein-russischer-
      hochdekorierter-kosmonaut-packt-aus/

47   https://de.wikipedia.org/wiki/Pawel_Romanowitsch
      _Popowitsch

48   https://bildblog.de/1054/eines-der-groessten-geheimnisse-
      russlands/

49   https://de.wikipedia.org/wiki/Marina_Lawrentjewna
      _Popowitsch

50   https://de.wikipedia.org/wiki/Jimmy_Carter

51   https://en.wikipedia.org/wiki/Jimmy_Carter_UFO_incident

52   http://www.presidentialufo.com/jimmy-carter/93-jimmy-carter-
      ufo

53   https://de.wikipedia.org/wiki/Ronald_Reagan

54   https://www.exopolitik.org/exopolitik-und-ufos/exopolitik/46-
      ronald-reagan-ufos

55   https://science.howstuffworks.com/space/aliens-ufos/ronald-reagan-ufo.htm

56   https://de.wikipedia.org/wiki/Strategic_Defense_Initiative

57   https://de.wikipedia.org/wiki/Bill_Clinton

58   https://www.youtube.com/user/JimmyKimmelLive/search?query=+President+Bill+Clinton+on+Jimmy+Kimmel+Live+

59   https://www.spiegel.de/politik/ausland/hillary-clinton-will-geheime-ufo-dokumente-frei-geben-a-1092131.html

60   Bill Clinton
      https://www.youtube.com/watch?v=R95X8rwYD9o

61   https://de.wikipedia.org/wiki/Barack_Obama

62   https://www.youtube.com/watch?v=EYzRY2XpLBk

63   http://grenzwissenschaft-aktuell.blogspot.com/2011/11/us-disclosure-petition-obama.html

64   https://de.wikipedia.org/wiki/George_W._Bush

65   https://www.grenzwissenschaft-aktuell.de/bush-ueber-ufo-geheimnisse-der-usa20170304/

66   https://de.wikipedia.org/wiki/Paul_Hellyer

67   https://www.youtube.com/watch?v=FGGdguh6d9c

68   https://de.wikipedia.org/wiki/Dmitri_Anatoljewitsch_Medwedew

69   https://www.youtube.com/watch?v=8jD7xcDT9RM

70   https://www.exopolitik.org/wissen/kolumne/769-russlands-premierminister-ets-leben-unter-uns

71   https://de.wikipedia.org/wiki/Shigeru_Ishiba

72   https://diepresse.com/home/politik/aussenpolitik/350060/Japan-will-Armee-auf-UFOAngriff-vorbereiten

73   https://www.sueddeutsche.de/panorama/japan-diskutiert-ufo-abwehr-verteidigung-wie-bei-godzilla-1.350619

74   https://de.wikipedia.org/wiki/Nobutaka_Machimura

75   https://www.exopolitik.org/wissen/exopolitik-und-ufos/zeugenaussagen/disclosure-project/218-donna-hare-nasa-retuschiert-ufo-fotos

76   http://www.n24.de/n24/Mediathek/Dokumentationen/d/6909110/die-ufo-akten--alien-technologie.html

5 – Das SETI-Projekt

1   https://de.wikipedia.org/wiki/Search_for_Extraterrestrial_Intelligence

2   The New York Times, 23rd May, 1909 by Nikola Tesla, How to Signal to Mars

3   https://de.wikipedia.org/wiki/David_Peck_Todd

4   https://de.wikipedia.org/wiki/Guglielmo_Marconi

5   https://de.wikipedia.org/wiki/Philip_Morrison

6   https://de.wikipedia.org/wiki/Giuseppe_Cocconi

7   Searching for Interstellar Communications
Nature, Bd. 184, 1959, S. 844–846

8   https://de.wikipedia.org/wiki/Frank_Drake

9   Sebastian von Hoerner: Sind wir allein? – SETI und das Leben im All,
Beck, München 2003, ISBN 3-406-49431-5, S. 151–152

10   Iosif S. Šklovskij, Carl Sagan, Intelligent life in the Universe. Holden-Day, San Francisco 1966, ISBN 978-0816279135

11   https://www.nasa.gov/

12   https://de.wikipedia.org/wiki/SETI-Institut

13   https://de.wikipedia.org/wiki/Jill_Cornell_Tarter

14   Searching for good Science: The Cancellation of NASA's
      SETI Program, Stephen J. Garber
      Journal of the British Interplanetary Society,
      Vol. 52, pp. 3-12, 1999

15   https://de.wikipedia.org/wiki/SETI@home

16   https://de.wikipedia.org/wiki/Seth_Shostak

17   https://de.wikipedia.org/wiki/Wow!-Signal

18   Warnung von Astrophysiker Hawking
      Spiegel online, 25. April 2010

19   David Brin: The Dangers of First Contact, davidbrin.com

20   Iván Almár, Paul H. Shuch: The San Marino Scale: A new
      analytical tool for assessing transmission risk.
      Acta Astronautica, Vol.60, Issue 1, S. 57–59

21   https://de.wikipedia.org/wiki/Arecibo-Botschaft

22   http://grenzwissenschaft-aktuell.blogspot.com/2014/11/40-
      jahre-arecibo-botschaft-gab-es-eine.html

23   https://de.wikipedia.org/wiki/Carl_Sagan

24   https://de.wikipedia.org/wiki/Voyager_1

25   https://de.wikipedia.org/wiki/Voyager_2

26   Carl Sagan
      https://www.youtube.com/watch?v=MlikCebQSIY

27   https://de.wikipedia.org/wiki/Telegrafie

28   https://de.wikipedia.org/wiki/Lichtjahr

29   http://www.sueddeutsche.de/wissen/satellitenstart-china-
      erprobt-quanten-kommunikation-im-weltall-1.3124422

30   http://www.spektrum.de/news/verschraenkte-photonen-aus-dem-all/1464637

TEIL 2 – Mathematisches Modell

Einleitung

1   Klaus Piontzik
        Wahrscheinlichkeiten in der Galaxie
        für Leben, Intelligenz und Zivilisation
        Books on Demand, Norderstedt
        ISBN: 978-3-7494-9653-2

1 – Planeten in unserer Galaxie

1   https://de.wikipedia.org/wiki/Exoplanet

2   http://kepler.nasa.gov/

3   https://de.wikipedia.org/wiki/Kepler_(Weltraumteleskop)

4   NASA's Kepler Completes Prime Mission
        Begins Extended Mission. NASA
        14. November 2012

5   https://de.wikipedia.org/wiki/Habitable_Zone

6   Spiegel Online Wissenschaft Dienstag, 05.11.2013

7   NASA - Characteristics of Transits
        https://www.nasa.gov/kepler/overview/abouttransits

8   https://de.wikipedia.org/wiki/Liste_extrasolarer_Planeten

9   https://de.wikipedia.org/wiki/Habitable_Zone

2 – Auswertung von Katalogdaten

1   http://phl.upr.edu/hec

2   http://phl.upr.edu/projects/habitable-exoplanets-catalog

3   http://www.astro.princeton.edu/~tdm/koi-fpp/ms.pdf

4   http://www.t-online.de/nachrichten/wissen/id_77804832/
         nasa-kepler-teleskop-entdeckt-fast-1300-neue-planeten.html

5   https://de.wikipedia.org/wiki/Exoplanet

4 – Belebte Planeten in unserer Galaxie

1   https://de.wikipedia.org/wiki/Habitable_Zone

2   https://de.wikipedia.org/wiki/Erdrotation

3   https://de.wikipedia.org/wiki/Erdmagnetfeld

4   http://www.magneticpulser.us/Publications_of_Dr_Wolfgang_
         Lud.html#SGROBJ7DB44EF22181671

5   Schumann, W.O.
         Über die strahlungslosen Eigenschwingungen einer leiten-
         den Kugel, die von einer Luftschicht und einer Ionosphären-
         hülle umgeben ist
         Zeitschrift Naturforschung 7a, 149-154, 1954

6   Klaus Piontzik, Gitterstrukturen des Erdmagnetfeldes
         Books on Demand, Norderstedt S.57
         ISBN: 9-783833-491269

7   https://de.wikipedia.org/wiki/Erdatmosphäre

8   Klaus Piontzik, Planetare Systeme der Erde 1
         Books on Demand, Norderstedt S.132
         ISBN: 978-3-7494-8112-5

9   https://de.wikipedia.org/wiki/Treibhauseffekt

10   https://de.wikipedia.org/wiki/Ozean

11   https://de.wikipedia.org/wiki/Kontinent

12   https://de.wikipedia.org/wiki/Chemisches_Element

13   https://de.wikipedia.org/wiki/Aminosäuren

5 – Intelligente Spezies in unserer Galaxie

1   https://de.wikipedia.org/wiki/Große_Sauerstoffkatastrophe

2   https://de.wikipedia.org/wiki/Endosymbiontentheorie

3   https://de.wikipedia.org/wiki/Neoproterozoikum

4   https://de.wikipedia.org/wiki/Schneeball_Erde

5   https://de.wikipedia.org/wiki/Kambrium

6   https://de.wikipedia.org/wiki/Massenaussterben

7   https://de.wikipedia.org/wiki/Ordovizium

8   https://de.wikipedia.org/wiki/Devon_(Geologie)

9   https://de.wikipedia.org/wiki/Perm-Trias-Grenze

10   https://de.wikipedia.org/wiki/Sibirischer_Trapp

11   https://de.wikipedia.org/wiki/Trias_(Geologie)

12   https://de.wikipedia.org/wiki/Kreide-Paläogen-Grenze

13   https://de.wikipedia.org/wiki/Eozän

14   https://de.wikipedia.org/wiki/Oligozän

15   https://de.wikipedia.org/wiki/Priabonium

16   https://de.wikipedia.org/wiki/Rupelium

17   https://de.wikipedia.org/wiki/Grande_Coupure

18   https://de.wikipedia.org/wiki/Toba-Katastrophentheorie

19   https://de.wikipedia.org/wiki/Pleistozän

20   https://de.wikipedia.org/wiki/Holozän

21   https://de.wikipedia.org/wiki/Kosmische_Strahlung

22   https://de.wikipedia.org/wiki/Gammablitz

23   https://de.wikipedia.org/wiki/Supernova

24   https://de.wikipedia.org/wiki/Sonneneruption

25   https://de.wikipedia.org/wiki/Asteroid

26   https://de.wikipedia.org/wiki/Komet

27   https://de.wikipedia.org/wiki/Objekt_planetarer_Masse

28   https://de.wikipedia.org/wiki/Schneeball_Erde

29   https://de.wikipedia.org/wiki/Klimawandel

30   https://de.wikipedia.org/wiki/Erdatmosphäre

31   https://de.wikipedia.org/wiki/Meeresspiegel

32   https://de.wikipedia.org/wiki/Vulkanismus

33   https://de.wikipedia.org/wiki/Supervulkan

6 – Zivilisationen in unserer Galaxie

1   https://de.wikipedia.org/wiki/Universum

2   https://de.wikipedia.org/wiki/Milchstraße

3   http://www.spiegel.de/wissenschaft/weltall/

4   https://de.wikipedia.org/wiki/Sonnensystem

5   https://de.wikipedia.org/wiki/Leben

6   https://de.wikipedia.org/wiki/Erde

7   Karl Popper. Logik der Forschung
     Akademie-Verlag, Berlin 2004, Herbert Keuth (Hrsg.)
     ISBN 978-3-7091-2021-7

8   https://de.wikipedia.org/wiki/Homo_rudolfensis

9   https://de.wikipedia.org/wiki/Homo_habilis

10   https://de.wikipedia.org/wiki/Mondlandung

11   https://de.wikipedia.org/wiki/Entdeckung_Amerikas

12   https://de.wikipedia.org/wiki/Vasco_da_Gama

13   https://de.wikipedia.org/wiki/Ferdinand_Magellan

14   https://de.wikipedia.org/wiki/Francis_Drake

15   https://de.wikipedia.org/wiki/Martin_Luther

16   https://de.wikipedia.org/wiki/Galileo_Galilei

17   https://de.wikipedia.org/wiki/Johannes_Kepler

18   https://de.wikipedia.org/wiki/Teleskop

19   https://de.wikipedia.org/wiki/Mikroskop

20   https://de.wikipedia.org/wiki/Renaissance

21   https://de.wikipedia.org/wiki/Mittelalter

22   https://de.wikipedia.org/wiki/Bronzezeit

23   https://de.wikipedia.org/wiki/Eisenzeit

24   https://de.wikipedia.org/wiki/Antike

25   https://de.wikipedia.org/wiki/Ackerbau

26   https://de.wikipedia.org/wiki/Geschichte_der_Keramik

27   https://de.wikipedia.org/wiki/Höhlenmalerei

28   https://de.wikipedia.org/wiki/Urgeschichte

29   https://de.wikipedia.org/wiki/Archaischer_Homo_sapiens

7 – Überleben einer Zivilisationen

1   https://de.wikipedia.org/wiki/Übernutzung

2   https://de.wikipedia.org/wiki/Umweltverschmutzung

3   https://de.wikipedia.org/wiki/Überbevölkerung

4   https://de.wikipedia.org/wiki/Pandemie

5   https://de.wikipedia.org/wiki/Krieg

6   https://de.wikipedia.org/wiki/Katastrophe

7   https://de.wikipedia.org/wiki/Revolution

8   https://de.wikipedia.org/wiki/Homo

9   https://de.wikipedia.org/wiki/Sternbildungsrate

10   https://de.wikipedia.org/wiki/Milchstraße

11   http://www.mufon.com/

8 – Das allgemeine Grundmodell

1   https://de.wikipedia.org/wiki/Spektralklasse

2   https://de.wikipedia.org/wiki/Hertzsprung-Russell-Diagramm

3   https://de.wikipedia.org/wiki/Drake-Gleichung

4   https://de.wikipedia.org/wiki/Frank_Drake

5   The Drake Equation Revisited: Part I @wayback.archive.org.
        Astrobiology Magazine

6   https://de.wikipedia.org/wiki/Sternbildungsrate

7   https://de.wikipedia.org/wiki/Sara_Seager

8   https://de.wikipedia.org/wiki/
        James_Webb_Space_Telescope

9   https://en.wikipedia.org/wiki/
        Transiting_Exoplanet_Survey_Satellite

10   https://www.cfa.harvard.edu/events/2013/postkepler/
        Exoplanets_in_the_Post_Kepler_Era/
        Program_files/Seager.pdf

9 – Ein Blick in die Zukunft

1   https://de.wikipedia.org/wiki/Kardaschow-Skala

TEIL 3 – Konsequenzen

1 – Evolution

1   https://de.wikipedia.org/wiki/Ribonukleinsäure

2   https://de.wikipedia.org/wiki/Basenpaar

3   https://de.wikipedia.org/wiki/Basentriplett

4   https://de.wikipedia.org/wiki/Histon

5   Jenuwein T, Allis C. D. (2001): Translating the Histone Code
        In: Science. 293(5532):1074-1080

6   Der Urzeit-Code. Die ökologische Alternative zur umstritte-
        nen Gentechnologie, Luc Bürgin
        Herbig; 2. Auflage,. 2008, ISBN: 3776625341

7   http://www.urzeit-code.com/

8   https://de.wikipedia.org/wiki/Desoxyribonukleinsäure

9   https://de.wikipedia.org/wiki/James_Watson

10   https://de.wikipedia.org/wiki/Francis_Crick

11   https://de.wikipedia.org/wiki/Humangenomprojekt

12   https://de.wikipedia.org/wiki/Chromosom

13   https://de.wikipedia.org/wiki/Genetischer_Code#Codon

14   Rainer Flindt: Biologie in Zahlen. Eine Datensammlung in Tabellen mit über 9000 Einzelwerten.
Gustav Fischer, Stuttgart 1985, ISBN 3-437-30466-6
S. 86f, 138f.

15   Michael Levin, Bioelectromagnetics 24:295^315 (2003)

16   Hillingworth CM. 1974 Trapped fingers and amputated finger Tipps in children

17   J.PediatricSurg. 9 (6): 853-858

18   Gurwitsch AA. 1988. A historical review of the problem of mitogenetic radiation. Experientia 44:545–550

19   https://de.wikipedia.org/wiki/Charles_Darwin

20   https://de.wikipedia.org/wiki/Simon_Conway_Morris

21   https://de.wikipedia.org/wiki/Epigenetik

22   https://en.wikipedia.org/wiki/Marcus_Pembrey

23   Pembrey, ME et al. (2006): Sex-specific, male-line transgenerational responses in humans. In: Eur J Hum Genet. 14(2); 159-166

24   Dr. F. Hund, Materie als Feld: eine Einführung. Berlin [u.a.] 1954. VIII, 418 S, ISBN 978-3-642-52869-9

25   Dr. F. Hund Theorie des Aufbaus der Materie.
Stuttgart Teubner 1961. VIII,313 S.,

26   https://de.wikipedia.org/wiki/Konvergenztheorie_(Evolution)

27   https://de.wikipedia.org/wiki/Theropoda

28   https://de.wikipedia.org/wiki/Troodon

29   https://de.wikipedia.org/wiki/Dale_Russell

30   https://de.wikipedia.org/wiki/
Stammesgeschichte_des_Menschen

31   https://de.wikipedia.org/wiki/Kambrium

32   https://de.wikipedia.org/wiki/Massenaussterben

33   https://de.wikipedia.org/wiki/Ordovizium

34   https://de.wikipedia.org/wiki/Devon_(Geologie)

35   https://de.wikipedia.org/wiki/Perm-Trias-Grenze

36   https://de.wikipedia.org/wiki/Sibirischer_Trapp

2 – Verteilungen

1   Klaus Piontzik
        Wahrscheinlichkeiten in der Galaxie
        für Leben, Intelligenz und Zivilisation
        Books on Demand, Norderstedt
        ISBN 978-3-7494-9653-2

2   https://de.wikipedia.org/wiki/Milchstraße

3 – Verschwörungstheorie?

1   https://de.wikipedia.org/wiki/Gary_McKinnon

2   Saving Gary McKinnon: A Mother's Story by Janis Sharp
        Biteback, First Edition, 17 Sept. 2013, ISBN: 184954574X

3   http://freegary.org.uk/

4   Gary McKinnon
        https://www.youtube.com/watch?v=XWVzNPs0az4

5   http://transinformation.net/wie-viele-whistleblower-braucht-
        es-noch/

6   https://en.wikipedia.org/wiki/Richard_M._Dolan

7   https://www.youtube.com/user/RichardMDolan

8   https://en.wikipedia.org/wiki/Nick_Pope_(journalist)

9   https://en.wikipedia.org/wiki/Linda_Moulton_Howe

10   https://de.wikipedia.org/wiki/Robert_Bigelow

11   https://de.wikipedia.org/wiki/Bigelow_Aerospace

4 – Das Fermi-Paradoxon

1   https://de.wikipedia.org/wiki/Fermi-Paradoxon

2   https://de.wikipedia.org/wiki/Enrico_Fermi

3   https://de.wikipedia.org/wiki/Edward_Teller

4   https://de.wikipedia.org/wiki/Emil_Konopinski

5   https://de.wikipedia.org/wiki/Herbert_York

6   http://www.mufon.com/

Bilderverzeichnis

TEIL 1 – Basiswissen

Seite

58   https://www.youtube.com/watch?v=Friv-uTePZM

59   https://de.wikipedia.org/wiki/Edgar_Mitchell

59   https://de.wikipedia.org/wiki/James_McDivitt

60   https://de.wikipedia.org/wiki/Jim_Lovell

60   https://de.wikipedia.org/wiki/Frank_Borman

60   https://de.wikipedia.org/wiki/Neil_Armstrong

60   https://de.wikipedia.org/wiki/Buzz_Aldrin

61   https://en.wikipedia.org/wiki/Robert_Michael_White

61   https://en.wikipedia.org/wiki/Joseph_A._Walker

62   https://en.wikipedia.org/wiki/Deke_Slayton

62   https://de.wikipedia.org/wiki/Wladimir_Wassiljewitsch_Kowaljonok

63   https://de.wikipedia.org/wiki/Pawel_Romanowitsch_Popowitsch

63   https://de.wikipedia.org/wiki/Marina_Lawrentjewna_Popowitsch

64   https://de.wikipedia.org/wiki/Jimmy_Carter

64   https://de.wikipedia.org/wiki/Ronald_Reagan

65   https://de.wikipedia.org/wiki/Bill_Clinton

66   https://de.wikipedia.org/wiki/Barack_Obama

67   https://de.wikipedia.org/wiki/George_W._Bush

67   https://de.wikipedia.org/wiki/Paul_Hellyer

TEIL 2 – Mathematisches Modell

Seite

114 https://www.forschung-und-wissen.de/nachrichten/astronomie/vor-1200-jahren-traf-ein-gammablitz-die-erde-13371816

114 http://www.supernovae.net/

115 http://www.vol.at/xxl-sonneneruption-magnetsturm-naehert-sich-der-erde/4082686

115 https://de.wikipedia.org/wiki/Asteroid

115 https://de.wikipedia.org/wiki/Komet

116 https://www.mpg.de/forschung/schneeball-erde-algen-eukaryot

116 https://www.stern.de/panorama/wissen/natur/themen/klimawandel-4170178.html

116 http://www.scinexx.de/dossier-701-1.html

116 http://energieinitiative.org/die-beweise-fuer-den-klimawandel/

117 http://www.spiegel.de/wissenschaft/natur/ecuador-vulkan-tungurahua-macht-feuerwerk-a-1080586.html

117 https://www.pravda-tv.com/2016/10/supervulkane-vorwarnzeit-hoechstens-ein-jahr-weltweite-vulkanaktivitaet-videos/

134 http://www.zeno.org/Meyers-1905/B/Dampfmaschine

135 https://commons.wikimedia.org/wiki/File:Lower_Manhattan_Skyline_from_Brooklyn_Heights_Promenade.jpg

137 http://www.sueddeutsche.de/wissen/bemannte-raumfahrt-umsonst-ins-all-1.1669125

147 https://de.wikipedia.org/wiki/Spiralgalaxie

147 https://de.wikipedia.org/wiki/Hertzsprung-Russell-Diagramm

TEIL 3 – Konsequenzen

Alle anderen Abbildungen entstammen dem Archiv des Autors